丛书主编 王国良

防灾减灾／灾后重建与扶贫开发理论方法研究丛书

自然灾害应对与扶贫开发：理论与实践

黄承伟　庄天慧　陆汉文　著

华中师范大学出版社

新出图证（鄂）10 号

图书在版编目（CIP）数据

自然灾害应对与扶贫开发：理论与实践/黄承伟，庄天慧，陆汉文著.
—武汉：华中师范大学出版社，2013.1
（防灾减灾、灾后重建与扶贫开发理论方法研究丛书）
ISBN 978-7-5622-5896-4

Ⅰ.①自…　Ⅱ.①黄…②庄…③陆…Ⅲ.①自然灾害—灾害防治—
研究—中国②扶贫—研究—中国　Ⅳ.①X432②F124.7

中国版本图书馆 CIP 数据核字（2013）第 002874 号

自然灾害应对与扶贫开发：理论与实践

ⓒ 黄承伟　庄天慧　陆汉文　著

作者：黄承伟　庄天慧　陆汉文
责任编辑：周孔强　冯会平
责任校对：王　胜　　　　封面设计：甘英　　　　封面制作：胡　灿
编辑室：文字编辑室　　　　　电话：027—67863220
出版发行：华中师范大学出版社
社址：湖北省武汉市洪山区珞喻路 152 号
电话：027—67863040（发行部）　027—67861321（邮购）
传真：027—67863291
网址：http://press.ccnu.edu.cn　　电子信箱：hscbs@public.wh.hb.cn
印刷：湖北新华印务有限公司　　督印：章光琼
字数：240 千字
开本：710mm×1000mm　1/16　　印张：11.5
版次：2013 年 1 月第 1 版　　　　印次：2013 年 1 月第 1 次印刷
定价：32.00 元

欢迎上网查询、购书

防灾减灾/灾后重建与扶贫开发研究丛书编委会

目 录

导　言

（一）扶贫开发进入了新的阶段

新中国成立以来，中国政府始终把努力消除贫困作为国家发展的重要目标和任务。改革开放以来，中国坚持政府主导和开发式扶贫的方针，开展了有组织、有计划、大规模的扶贫开发，成效显著，积累了丰富经验。

根据国家贫困标准，我国改革开放之初，农村贫困人口有 2.5 亿，贫困发生率为 30.7％。30 多年来，特别是从 1994 年开始实施《国家八七扶贫攻坚计划》、从 2001 年起实施《中国农村扶贫开发纲要（2001—2010 年）》以来，国家不断加大扶贫投入和工作力度，不断完善解决贫困人口温饱的制度保障，不断激发贫困地区发展的内在活力，不断凝聚社会各界参与减贫事业的强大合力。到 2010 年年底，《中国农村扶贫开发纲要（2001—2010 年）》确定的目标任务基本实现。全国农村贫困人口从 2000 年底的 9422 万减少到 2010 年的 2688 万，贫困发生率从 10.2％减少到 2.8％。592 个国家扶贫开发工作重点县（以下简称重点县）贫困人口从 2001 年末的 5677 万减少到 2010 年的 1693 万。2001—2010 年，国家扶贫开发工作重点县农民人均纯收入从 1277 元增加到 3273 元，年均实际增长 8.1％，略高于全国农村的平均水平。同时，贫困地区基础设施和生产生活条件明显改善，社会事业不断进步，全面建立最低生活保障制度，农村居民生存和温饱问题基本解决。扶贫开发取得的成就，为我国经济发展、政治稳定、民族团结、边疆巩固、社会和谐发挥了重要的作用。我国也是第一个提前实现联合国千年发展目标贫困人口比例减半的国家，为全球减贫作出了重大的贡献。

2011 年 5 月，国家颁布了《中国农村扶贫开发纲要（2011—2020 年）》（以下简称《扶贫开发纲要》），以此为标志，我国扶贫开发进入了新的历史阶段。同年 6 月，国务院扶贫开发领导小组举办了 21 世纪中国农村扶贫开发成就展。11 月，国务院新闻办发表了《中国农村扶贫开发的新进展》白皮书。中央召开了高规格的扶贫开发工作会议，大幅度提高了国家扶贫标准，启动了连片特困地区区域发展与扶贫攻坚规划。

进入新的阶段，扶贫开发机遇与挑战并存。一方面，国家经济社会发展总体水平不高，区域发展不平衡问题突出，制约贫困地区发展的深层次矛盾依然存在。扶贫对象规模大，相对贫困问题凸显，返贫现象时有发生，贫困地区特别是连片特困地区发展相对滞后。另一方面，随着工业化、信息化、城镇化、市场化、国际化的不断深入，扶贫开发面临着新的机遇和挑战。

根据新形势、新任务的要求，《扶贫开发纲要》对我国未来十年农村扶贫开发进行了战略部署。一是作出了一个重大判断。到 2010 年，农村居民生存和温饱问题已经基本解决，扶贫开发从以解决温饱为主要任务的阶段转入巩固温饱成果，加快脱贫致富，改善生态环境，提高发展能力，缩小发展差距的新阶段。二是更加明确了工作目标。"两不愁，三保障"既包括了生存的需要，又包括了部分发展的需要，符合新阶段扶贫工作的基本特征。三是采取了更科学的工作方针。坚持开发式扶贫方针，实行扶贫开发和农村最低生活保障制度有效衔接。明确了扶贫促进发展、低保维持生存的工作定位。四是构建了更完善的工作格局。第一次明确了专项扶贫、行业扶贫、社会扶贫三位一体的工作格局。五是更清晰地界定了工作对象。分四个层次，即扶贫对象、连片特困地区、重点县和贫困村。六是制定了更加有力的政策保障。提高扶贫标准，加大投入力度，把连片特困地区作为主战场，中央财政扶贫资金新增部分主要用于连片特困地区。要求完善有利于贫困地区、扶贫对象的扶贫战略和政策体系。同时，从财税支持、投资倾斜、金融服务、产业扶持、土地使用、生态建设、人才保障和重点群体等八个方面提出了原则要求，还要求加快扶贫立法。

（二）因灾致贫返贫一直是扶贫开发面临的重大挑战

在全球范围内，灾害多发区往往也是贫困人口聚集区，自然灾害对穷人的影响和危害更大。根据亚洲减灾中心统计，1975—2000 年间，因灾致死的人中 94.25% 是中低收入人群，其中最贫困人口占了 68%。我国农村每年遭受严重自然灾害的行政村占其总数的 10% 左右，而扶贫开发工作重点县的同一比例一般达到 50% 以上。各种自然灾害不仅严重威胁人们的生命权和财产权，更凸显了穷人应对灾害风险的脆弱性。因灾返贫、因灾致贫已成为阻碍当前全球减贫进程的一个主要因素。

自然灾害的破坏作用，不仅仅是对自然生态环境的影响，而且会导致整个社会经济循环系统功能的减退。自然灾害已成为制约我国国民经济发展的一个主要因素。自然灾害与农村贫困呈正相关关系，主要表现在：一是自然灾害使农村贫困率上升。中国70%以上的自然灾害都发生在农村地区，尤其是西部地区，据统计我国现有国家级贫困县592个，有366个分布在西部，所占比重高达61.8%。这些县区自然条件相对恶劣、生态环境极为脆弱、基础设施普遍落后、灾害脆弱性高恢复能力低，加之自然灾害频发，使区域的灾害风险性极高，人们的抗灾能力极差，从而导致农村贫困率的不断上升。二是自然灾害使农村返贫现象严重。经过多年的努力，扶贫开发成就显著，但是，对于相当部分贫困地区及农户，一遇自然灾害，农业生产遭受损失，农民收入大幅度减少，返贫现象十分严重。据有关学者研究，在河北、山西、内蒙、河南、湖北等省区，1999年贫困县已经解决温饱人口的返贫率分别达31.7%、35.8%、65.7%、43.2%和27.6%。在贵州省遇到灾年农村返贫率高达20%以上。三是自然灾害直接导致贫困地区基础设施建设落后，文化、卫生、教育水平差，人力资源素质低。

以2008年5月12日发生的汶川特大地震为例，地震不仅造成了巨大损失，也使得这些地区的贫困深度加重。51个重灾县中43个为扶贫开发工作重点县，占重灾县总数的84.3%。重灾县16.4%的贫困村受灾，其中四川省重灾县25.2%的贫困村受灾。据研究，此次灾害造成贫困的广度加大，贫困的深度加深。同时，加剧了贫困村的脆弱性，一方面使原本脆弱的自然生存环境更加恶劣，另一方面使原本相对薄弱的基础设施等农户生计支持系统遭受重创。此外，地震灾害还加剧了贫困农户的脆弱性，灾害对农户的物质资产、人力资产、自然资产和金融资产造成损害，加剧了贫困农户的脆弱性。

在未来十年甚至更长的时间里，连片特困地区将是我国扶贫攻坚的主战场。中央确定的全国扶贫开发连片特困地区共14个，除已明确实施特殊政策的西藏、四省(青海、甘肃、云南和四川)藏区和南疆三地州(喀什地区、和田地区和克孜勒苏柯尔克孜自治州)外，又划分出11个片区，分别是：六盘山、秦巴山、武陵山、乌蒙山、滇黔桂石漠化片区、滇西边境、大兴安岭南麓、燕山—太行山、吕梁山、大别山、罗霄山。14个连片特困地区覆盖了680个县，2.36亿人口，其中农村人口约2.3亿。这些地区从政治地理角度看，属于革命老区、民族地区和边境地区；在自然地理上处于青藏高原、沙漠化地区、黄土高原和西南大石山区。自然环境条件恶劣、基础设施薄弱、社会事业滞后、公共服务欠缺、产业发展不足。特别需要关注的是，连片贫困地区因其特殊的地理分布和低下的环境承载力，加之全球气候变化等多种因素综合影响，自然灾害频发，并呈现出一定的规律性：以旱涝灾害为主，地震、低温冷(冻)害以及相关次生灾害大范围发生，风灾、沙尘暴、黑灾、石漠化、虫灾、火灾等局部发生。

综上所述，应对各种自然灾害，把防灾、减灾、灾后恢复重建与扶贫开发有机结合，是扶贫开发必须面对的重要挑战。

（三）气候和环境的持续变化决定了新阶段扶贫开发更应重视因灾致贫返贫问题

总体而言，在应对气候变化的长期过程中，贫困人口一方面受诸多条件的限制，抵御气候变化风险的能力很弱；另一方面他们对缓解气候变化的贡献还没有体现在相关政策框架中。现实中对缓解气候变化有作用的政策，例如功能分区政策、减排政策、退耕还林还草政策等，有时会限制贫困农户的多样化生产方式，同时需要额外的生计成本，致使贫困人口的生计更为脆弱。而他们自己采取的各种自主性适应措施又受到资源、资金和技术支持等的限制。

在中国，缓解气候变化的不利影响时，生态脆弱区的贫困农户的适应尤为艰难，面对着包括自然资本、人力资本、技术条件、替代生计等在内的很多挑战。研究表明，在生态敏感地带的人口中，74%生活在贫困县内，约占贫困县总人口的81%。而大部分贫困县位于生态系统生产率低下的区域，全国592个国家扶贫开发重点县分布在中西部，其中80%以上地处生态脆弱区。贫困地区大多是气候变化的高度敏感区，而气候变化导致的干旱加剧、森林植被萎缩、水土流失加剧、极端气候事件频发等灾害，使得这些地区的环境进一步恶化，贫困农户生计受气候变化负面影响的趋势越来越明显。

全球气候变暖将导致中国主要粮食作物生产潜力下降、不稳定性增加。而粮食产量下降将可能最先影响到资产积累少的贫困群体。

　　国家发展与改革委员会的报告显示，未来气候变化将对中国水资源产生较大的影响：一是未来50~100年，全国多年平均径流量在北方的宁夏、甘肃等部分省(区)可能明显减少，在南方的湖北、湖南等部分省份可能显著增加，这表明气候变化将可能增加中国洪涝和干旱灾害发生的几率。二是未来50~100年，中国北方地区水资源短缺形势不容乐观，特别是宁夏、甘肃等省(区)的人均水资源短缺矛盾可能加剧。三是在水资源可持续开发利用的情况下，未来50~100年，全国大部分省份水资源供需基本平衡，但内蒙古、新疆、甘肃、宁夏等省(区)水资源供需矛盾可能进一步加大。

　　气候风险主要表现为自然灾害频发，而自然灾害正在逐渐成为导致贫困的主要原因，使得灾害多发区域的贫困发生率较高。气候风险对农户生计脆弱性造成的威胁在边远地区和少数民族地区更为显著，同时更大程度地影响到这些地区的妇女的生计状况。

　　影响贫困的各种因素因为气候变化的影响而愈加恶化，多样化的生产活动受到打击，较低生产率的土地在干旱或洪涝影响下更加贫瘠，本来就薄弱的物资储备则会受到重大灾害的破坏；自然灾害造成的更加受阻的交通、更难以获得医疗服务等情况使得贫困人口生计恢复能力较差。总之，气候变化可能致使贫困人口获取资源的路径减少，安全性降低，继而影响到贫困人口以及处于贫困边缘的人口的生计。

　　气候变化还可以通过共生风险而加深特殊风险。不只是极端气候事件对于农户生计有着重要的影响，长期累积的风险也会产生同样的影响。在生态脆弱区，对于贫困人口来说，诸如干旱、洪涝等极端气候事件的共生风险是与单个农户的受伤、食不果腹、突发疾病等特殊风险紧密联系在一起的；非生态脆弱区发生极端气候事件的频率低，相对富裕的地区和人口由于有较好的物资储备、基础设施以及医疗卫生条件，即使遭遇极端气候事件也有较强的适应能力。例如，2010年中国西南的干旱主要增加了乡村人口生计的脆弱性，城区居民的生活却没有受到太大的影响。气候变化对健康的影响有多种方式，其中天气灾害对贫困地区人口的健康影响较为直接，例如，由于洪水、滑坡和暴风引起的直接效应(死亡和伤害)和间接效应(传染病、长期的心理病变)；干旱引起疾病或营养不良的风险增加。

　　气候风险对于贫困人口来说，首先是通过减少其生计选择而增加其生计脆弱性。频繁的旱灾、水灾，农户既无法种植传统作物，又因为缺乏基础设施(比如灌溉设施和排水设施的建设)而无法改种其他作物。弱势群体所受到的影响会更为突出。妇女在这种状态下处于更为不利的生计状况，因为她们往往被排除在各种公共资源体系之外，比如不能获取信贷支持去进行非农活动，或者由于传统性别劳动分工所形成的巨大劳动负担而阻碍她们进行更多的活动。失地农民会面对由于气候变化所导致的更为激烈的劳动力市场竞争，比如一些有土地的农民在自然灾害影响农作收成的情况下更多地涌入城市。生态脆弱区欠缺各种公共服务设施、低水平的产业结构和城市化状态又进一步限制了贫困人口生计选择的可能。

在我国以往的扶贫战略中，尚未专门考虑气候变化敏感和适应条件有限而形成的贫困，也缺乏生计遭受旱灾等极端气候事件冲击的适应性策略研究。无论是生态脆弱区规划纲要，还是全国主体功能区规划，都没有专门论述对贫困人口的影响。在规划编制过程中，如果有对于贫困人口影响的研究作为基础，将有益于考虑针对贫困人口的补偿机制。同时，贫困地区采取的生态保护行动，包括国家气候变化承诺下的行动，以及针对生态环境问题所采取的措施，对于缓解气候变化的影响均有很大的贡献，但是在扶贫战略中还未明确这些贡献的具体情况，从而没有制定相应的补偿政策，尤其是对这些区域的贫困农户的生计补偿。

中国对缓解全球气候变化的承诺，将对处于生态脆弱区的贫困人群提出新的挑战：一方面气候变化敏感区域的贫困人口需要增强对气候变化的适应性；另一方面他们需要寻求可替代生计避免缓解气候变化造成的生计损失。今后的减贫规划，应该包括提高贫困区域和贫困人群应对气候变化的适应能力的内容。

（四）我国在推进扶贫开发与灾害应对相结合方面进行了有益实践和探索

汶川地震发生后，国家明确提出要将恢复重建和扶贫开发结合起来。扶贫系统积极行动起来，按要求完成了《汶川地震贫困村灾后重建总体规划》并纳入了国家总体规划，国家确定的 10 个极重灾县、41 个重灾县中受灾的 4834 个贫困村被纳入了恢复重建的规划范围。随后又相继分批在四川、陕西、甘肃三省的 100 个受灾重点贫困村实施灾后重建规划与实施试点。按照国家统一部署的 3 年任务两年完成的目标，贫困村的灾后重建按预期完成。

　　汶川地震灾后贫困村重建是汶川地震灾后整体重建的重要组成部分。灾后重建与扶贫开发结合不仅是贯彻落实中央领导重要指示的需要，而且是灾害与贫困内在必然性的要求，更是受灾贫困社区和贫困人群的期盼。

　　扶贫系统和各级党委、政府及广大干部群众在汶川地震灾区，开展了100个试点贫困村的恢复重建试点，全面推进4700多个贫困村的灾后恢复重建，不仅完成了恢复重建任务，而且探索和实践了防灾减灾、灾后重建与扶贫开发结合的机制与模式，推动了贫困地区应对自然灾害机制的建立及常态化，也为把灾害风险管理纳入未来扶贫政策打下了基础。汶川地震灾后贫困村恢复重建的实践，既是推动灾害风险管理与减贫结合、降低扶贫成本、提高扶贫水平的需要，也是扶贫系统能力建设和开展国际交流合作的重要内容。

　　为了系统总结汶川地震灾后贫困村恢复重建的实践，对其经验进行理性思考，推动灾害风险管理与减贫的有机结合，扶贫系统选取了7个村、从不同视角进行深度案例研究，选取30个村进行总结型案例研究。

　　一系列的监测、评估、研究结果表明，汶川地震贫困村灾后恢复重建取得了明显成效。一是受灾贫困村群众的生产生活设施得到了丰富和完善；二是农业生产得到了恢复和发展；三是贫困村及群众的自我发展能力得到了恢复和提高；四是贫困村群众的社会系统得到了恢复和拓展。

　　灾后贫困村的恢复重建探索积累了宝贵的经验。其中核心经验主要体现在以下方面：一是社区充分参与。从重建项目实施、后续管理，村民全过程参与了贫困村的恢复重建，其中贫困村灾后重建规划最能体现社区的参与水平。从准备到最终形成规划方案，经过了一系列相关方积极的参与。二是外部资源整合援助与内源发展互动。解决贫困社区、贫困人口的贫困问题，最根本的是靠他们自身能力的提高，对于社区而言，最根本的靠内源发展动力和机制的形成。所以，在贫困村重建过程中，注重外部资源的整合援助与内源发展互动，构成了汶川地震灾后贫困村恢复重建的核心经验之一。行业重建、社会重建包括对口帮扶及社会组织参与，专项扶贫重建等多项政策，在贫困村整合，形成了灾区贫困村内源发展、外部多部门政策、资源整合的互动。三是灾后恢复重建与扶贫开发相结合。从灾后重建的规划角度来看，灾后重建的需求与扶贫开发的需求相结合，对贫困村的灾后重建同时也是在推进扶贫开发工作的过程；从社区参与的角度来看，扶贫开发的需求与村民重建的意愿相结合；从社区发展的角度来看，以灾后恢复重建逐渐实现社区可持续发展。

实践证明，贫困村灾后恢复重建面临诸多挑战，集中体现在两个方面：一是多种因素形成共生风险，提高了贫困人群的脆弱性。共生风险首先是资源分配的不均等导致社会风险，如果引导不当，或者今后发展当中得不到及时调适，可能会导致一定的社会风险。农户负债重，自我发展能力降低可能导致经济风险。重建对环境的忽略会导致环境风险。这种风险共生加大了建设的难度。二是农户生计发展的可持续性不足，延缓了贫困人群摆脱贫困的进程。农户普遍因建房负债较重，生产发展资金不足，加上生态资源环境脆弱，农户生计发展缺乏可持续性。

总结、研究成果显示，汶川地震灾后贫困村恢复重建形成了一些理性思考和结论，主要有：第一，多部门协作机制是应对灾害影响的综合性和贫困多元性的必然要求。如在试点村重建过程中，扶贫系统和国际机构合作，推动多部门在贫困村灾后重建中的合作。第二，贫困村及村民与外部合作推动重建与发展是可持续减贫的路径。在一个社区的外部，有各种各样的组织，如政府机构、非政府机构等。外部机构只有与村内部的村委会、各种项目实施小组在重建过程中互动，并在互动中建立和发育自身的组织，提高自身的能力，才有可能实现可持续发展。第三，贫困村发展的转型需要以社区治理机构调适互动。贫困村灾后重建时期面临发展的转型。在转型中，很重要的因素就是社区治理结构的调整。社区治理结构的调整中出现了一个很重要的群体，那就是经营型的村庄精英。村庄精英是贫困社区组织化的推动者，也是社区与外部互动的桥梁，更是外部在本社区合作与资源整合重要的协调力量。第四，合作制的社会企业是扶贫开发与贫困村持续发展的一种模式探索。在七个深度研究的案例村中，有一个村通过合作制社会企业推动重建。在两年多的试点中，尽管还面临很多挑战和问题，但是，它应该是未来扶贫开发与贫困村可持续发展的可供选择的模式之一。

在汶川地震灾后贫困村恢复重建的实践及总结推动下，把灾害风险管理与扶贫开发有机结合，成为了扶贫系统的新共识，并在自然灾害应对实践中不断丰富其机制与实现途径。其中，在以下两个方面取得了重大进展及成效：一是大力开展贫困地区自然灾害应急处置、灾后重建和防灾减灾工作。近年来，在每次灾害发生后，国务院扶贫办庚即派出调研组，分赴有关灾区了解受灾情况，提出应对建议。在汶川地震灾后贫困村重建实践中，摸索出了"领导重视、部门协调、群众参与、规划先行、试点引导、研究与培训支撑"的灾后恢复重建基本经验。玉树地震后，立即组成工作组深入地震灾区，实地察看灾情，慰问受灾群众和扶贫系统干部，与当地干部群众座谈，共同研究抗震救灾和恢复重建工作。进一步发展了扶贫系统参与灾后恢复重建工作的基本思路，即找准工作定位，明确工作任务，完善工作机制。二是积极建立与完善贫困地区自然灾害应对机构和制度。为有力应对汶川地震灾害，2008 年 6 月成立抗震救灾工作领导小组，组织领导扶贫系统抗震救灾工作；9 月成立贫困村灾后恢复重建工作办公室，具体负责汶川地震灾后贫困村恢复重建工作。2010 年 9 月，根据内设机构和职责调整情况，成立了负责贫困地区防灾减灾、灾害应急处置、灾后重建工作的"贫困地区自然灾害应对工作领导小组"，下设"贫困地区自然灾害应对工作办公室"，具体指导贫困地区开展灾害应对工作。灾害应对机构的调整和职责确定，标志着国务院扶贫办贫困地区自然灾害应对工作步入常态化、规范化的轨道。

对于汶川地震灾区来说，恢复重建工作的结束是新一轮扶贫开发工作的开始。如何在恢复重建所奠定的基础特别是硬件基础上，进一步克服地震所造成的损害和后续影响，扶持贫困人口走上发展的阶梯，是搞好灾区新一轮扶贫开发工作的关键。对于全国贫困地区特别是连片特困地区来说，如何将灾害风险管理纳入扶贫工作，提高贫困人口抵御灾害风险的能力，是搞好新形势下我国扶贫开发工作的难点和重点。深刻总结灾后贫困村恢复重建经验，深入探讨其面临的困难和挑战，可以为这些贫困村今后扶贫开发和可持续发展工作提供依据，为全国贫困地区扶贫开发与灾害应对相结合工作提供借鉴。

第一章　扶贫开发与灾害应对相结合的理论基础

伴随着气候变化，全球逐渐进入自然灾害多发期，而且这些灾害的性质、类型和特征也开始发生根本性的变化，其经济社会危害亦更为显著。从实践状况来看，最需要引起关注的是，灾害及其风险又以贫困地区和贫困人群为关键存在场域。在上述背景下，研究扶贫开发与灾害应对的相关理论就不仅仅具有理论价值，而且还具有重要的实践意义和政策意义。

一、贫困与灾害理论概述

(一)贫困与反贫困

自 20 世纪 50 年代以来，贫困与反贫困问题成为经济学与社会学研究的热点，经济学(特别是发展经济学和制度经济学)和社会学两个学科分别基于不同的研究视角，对贫困和反贫困问题作出了解释。

发展经济学的研究对象是发展中国家或不发达国家的经济发展问题，其重要研究内容及目标之一是欠发达国家在走向现代发达国家的进程中，如何实现生产力水平整体升级以促进国家整体发展，同时实现大规模减贫。贫困人口食物保障、营养状况、受教育水平、卫生健康、不平等、政府责任以及不发达国家与发达国家之间的贸易和资本流动等方面是发展经济学减贫理论研究的重点。发展经济学的研究认为制定专门的减贫政策，提高减贫的公共支出，包括采用各种信贷工具以及选择恰当的减贫运行机制等是实现成功对抗贫困的有效路径。制度经济学贫困理论的核心观点认为，不合理制度安排是导致贫困的主要原因，这一理论体系的研究重点是经济收入分配的不公平、市场经济竞争对弱势群体的不利影响、社会保障制度的缺失、社会和制度转型的负面作用、全球化和对外开放对弱势群体产生的压力、社会公平竞争机制的欠缺、社会监督机制的乏力、各种因素对弱势群体的社会排斥和社会剥夺等。在制度经济学的学者看来，要从根本上解决人类的贫困问题，需要各民族国家制定更加合理公平的社会政策，需要世界共同体立足追求全人类的共同发展，搭建符合增强每一个个体福祉的国家与国家、组织与组织之间的互动规则。

　　社会学对贫困和反贫困问题的研究主要有三个代表性理论。一是"三 M"理论，即遗传人、经济人和问题人的概念。这一理论体系认为形成贫困的原因在于个人的智力禀赋较低、经济能量不足和家庭的缺陷。二是贫困文化理论。人类学家奥斯卡·刘易斯(1966)研究发现在资本主义社会中生活在贫民窟中的人具有相类似的家庭结构、人际关系、生活方式和价值信仰。在贫困文化中长大的人对自己的处境没有任何抗拒意识，而只是听天由命，无所作为，有一种强烈的宿命感、无助感和自卑感①。该文化对周围的人尤其是后代产生影响，并使贫困文化以及贫困得以在代际间维持和繁衍。三是贫困功能论与社会分层职能学说。认为贫困的存在是社会激励机制的组成部分，发挥着某种有利于社会正常运转的作用，或者说，贫困与否构成社会奖惩体系的一部分，它对社会结构的稳定与良性运行具有价值。进入 21 世纪以后，社会学贫困理论的研究更趋于具体化，重点主要集中在区域性贫困与反贫困问题、社会福利与农民工的合法权益、城市和农村的最低社会保障体系建设、教育医疗卫生的平等性、劳动力市场的性别歧视问题等。这些研究把反贫困的途径寄托于国家建立社会安全网及制定有益于保障社会弱势群体同等享受社会发展机会和成果的制度上。

　　以上理论研究表明贫困既是一个经济问题，也是一种社会综合症。经济学和社会学都是贫困和反贫困问题理论研究的基础。经济学强调从发展因素或经济结构角度探寻贫困的根源及减贫措施，社会学强调从个体要素或家庭、社会、人文环境角度描述贫困的成因与反贫困途径；经济学更强调客观因素与体制因素的致贫作用，而社会学更强调个体素质的致贫作用。不同的学科体系对贫困与反贫困问题作出的不同解释，一方面说明贫困概念、内涵和表现形式的多维性和综合性，另一方面也反映出反贫困工作的艰巨性和复杂性。

---

　　① 文森特·帕里罗，约翰·史汀森，阿黛思·史汀森. 当代社会问题[M]. 北京：华夏出版社，2007：211.

（二）灾害及应对

随着中国自然灾害的危害性日益显现，政府和社会各界都开始加大对自然灾害应急对策的重视，加大了对相关研究和实践的投入。总的来看，现有的研究认为应对灾害主要由灾害预报和防御、抗灾救灾与灾后重建三部分构成①。

在理论层面，对自然灾害防御的认识主要有以下几种视角。张德彪(1996)将自然灾害定义为灾害的事前管理，认为自然灾害防御是通过灾害发生前的积极准备达到减灾的目的。主要包括进一步提高防灾、减灾意识、加强自然灾害应急预案建设、做好自然灾害应急管理的准备工作和完善自然灾害管理机制建设。韩渭宾(1991)认为自然灾害防御应贯穿于整个灾害发生的全过程，灾害防御应该体现在灾害管理的事前、事中和事后三个阶段，不应该割裂看待。即使灾害已经发生仍然需要做一些预防工作，这有利于防止次生灾害的发生。这一定义倾向于将灾害防御扩展到灾害发生的后续内容，而不是将这些应对行动看作救灾工作。周海滨(2006)认为解密灾情是预防和减少灾害的前提，只有这样才真正体现了以人为本的精神，有利于引起社会各界对灾害的关注和重视，有利于提高全民防灾、救灾及减灾的意识和能力，从而避免灾害的发生、减轻灾害的损失。除以上三种外，还有一种视角强调将预测作为防御的基础，指出要制定最佳预防方案，就需要研究清楚各类自然灾害的成因及其发展规律，探求准备和精确预测的方法，并在此基础上制定和实施高效益预防方案。

在具体政策层面，目前我国在自然灾害预防与预报方面所采取的措施主要包括以下几个方面：一是保护生态环境，防治水土流失，改善国土自然条件，如修建防护林、实施防洪和灌溉工程、退耕还林、退湖还林等；二是进行自然灾害与地理科学的科研攻关，建立各种灾害的观测台站，开展技术性预防预报工作；三是加强救灾物质的储备和管理，提高应对自然灾害的能力；四是推行各种类型的灾害保险制度；五是提高国民特别是农村的抗灾能力。

预防灾害可以降低自然灾害发生的几率和减轻灾害对生命物质财产造成的破坏，但却无法阻止某些灾害的爆发。一旦发生灾害，需要政府

---

① 国务院扶贫办贫困村灾后恢复重建工作办公室. 汶川地震灾后贫困村恢复重建培训教材[M]. 北京：中国财政经济出版社，2010：26-33.

及社会力量采取相应行动共同对抗。新中国成立之后，我国政府十分重视自然灾害发生期间的社会救助和赈济，并朝着建立科学灾害管理体制的方向努力，从紧急预警到突发应急，再到迅速投入救灾力量和科学调度，最后到安顿受灾民众，科学的灾害应对程序正在形成，这有效地提高了民众应对自然灾害的能力，减轻了灾害损失。在我国，由于政府承担着社会治理的主要责任，所以理解我国抗灾救灾的运作机制，关键在于认识我国政府应急救灾过程及相关组织体系形式和法律保障体系内容。中国的应急管理领导体制还属于以单项灾种为主的原因型管理，即按突发公共事件类别和原因分别由对应的行政部门负责。国务院是突发公共事件应急管理工作的最高行政领导机构。中国在突发公共事件应急处置过程中，参照日常行政管理模式、形成分层、树状指挥体系，并按事件后果分级标准实施相应级别的行政干预（李吉伟，2007）。在应急预案方面，中国国家应急预案基本按突发公共事件类别和各部门的行政职能组织编制。国家预案主要由1个总体预案、25个专项预案和80个部门预案组成。在法律建设方面，中国针对应急管理也出台了一系列的法规条例，如《中华人民共和国防洪法》（1998年1月1日起施行）、《中华人民共和国防震减灾法》（1998年3月1日起施行），针对灾害的应急管理都有具体的法律条文，特别是国务院发布的《破坏性地震应急条例》（1995年4月1日起施行），专门对破坏性地震的应急工作做出了具体规定。相关法律法规的发布实施促使灾害应急管理逐步走向制度化（邹铭等，2004）。

　　自然灾害发生之后的社会救助和赈济多是临时性措施，而从长远来看则是社会恢复与重建工作。相对前期工作而言，这方面的工作更加艰巨，投入的物力、财力、人力往往更大。在新中国成立之前，受灾地区民众的生计恢复与家园重建基本上依靠灾民自身，国家的经济补助和社会团体的支持微乎其微，所以，民众的自力更生精神和恢复生产的能力决定着灾区社会重建的进程，外部的支援力量所发挥的作用并不明显。随着西方"福利国家"理念的扩散和社会现代化进程的加速，政府和社会组织在灾后社会恢复与重建工作中的作用得到日益重视，中国也不例外。2008年的汶川大地震发生之后，国家很快就对灾区重建工作进行了部署与规划，利用对口支援、财政转移支付、社会捐赠、国际援助等方式广泛筹集资金，最终实现了两年内基本完成灾区社会恢复与重建的任务。

13

(三)灾害与贫困

同一种自然灾害为什么对不同人群会产生不同的影响？为什么有些人在自然灾害的打击下会重返贫困？目前学术界关于灾害影响差异的主要解释是脆弱性理论，而同时，可持续生计理论以及社会资本理论也有助于理解这种差异。

脆弱性视角下的自然灾害与贫困。从 20 世纪 80 年代起，国际灾害学开始重视人类自身行为、社会经济自身脆弱性在自然灾害形成与发展过程中的作用，提出自然灾害＝致灾因子＋脆弱性，后进一步提出自然灾害＝致灾因子∩脆弱性(杨春燕等，2005)。社会脆弱性分析的一个普遍的目标就是根据脆弱性差异将人口分类，既要理解谁更加脆弱，或更加不脆弱，也要理解在哪些方面他们比较脆弱，为什么一些人比另外一些人更脆弱(Hallie Eakin，2007)。关于脆弱性分析比较一致性的意见主要可以概括为受灾度、敏感性和恢复力三个维度。其中，受灾度指一个地区或群体蒙受灾难或危险的程度，敏感性是一个系统对冲击或压力的反映程度，恢复力是一个系统面临冲击或压力时通过应付或适应避免损害的程度(Martha G. Roberts、杨国安，2003)。而穷人在遭受灾害影响的可能性、抵御风险的能力以及遭受灾害破坏以后的恢复力三个方面都处于极为不利的地位。

可持续生计视角下的自然灾害与贫困。生计追溯到中国原始文献中就是民生的意思。对生计的研究及概念化源自国际发展研究机构和非政府组织。Chambers 和 Conway(1992)认为生计就是谋生的方式，该谋生方式建立在能力、资产(包括储备物、资源、要求权和享有权)和活动基础之上。只有当一种生计能够应对、并在压力和打击下得到恢复，能够在当前和未来保持乃至加强其能力和资产，同时又不损坏自然资源基础，这种生计才是可持续性的。为了发现生计不同构成之间的相互制约和影响，全面分析其内在联系及与外界其他环境的影响，发现限制因素和潜力，学者们提出了 DFID 可持续生计框架(如图 1-1)。可持续生计框架是对农户生计、特别是围绕贫困问题的复杂因素进行梳理、分析的一种方法。这个框架把农户看作是在一个脆弱性的背景中生存或谋生。就这个角度而言，由于自然灾害会造成大规模的物质资本损失、大量的人力资本损失、大量的金融资本损失、大量的自然资本损失、严重的社会资本损失，可持续生计的五种资源供应不足，导致农户陷入贫困陷阱。

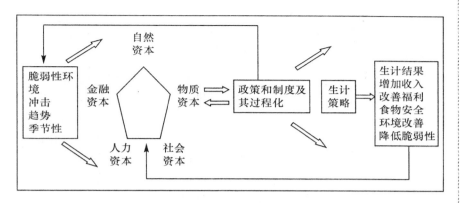

图 1-1 DFID 可持续生计框架

（注：箭头表示双方之间的相互的动态影响关系，并非直接的因果关系）

社会资本理论视角下的灾害与贫困。从微观层面上说，社会资本是一种嵌入在个体行动者社会网络中的资源，产生于行动者外在的社会关系，其功能在于帮助行动者获得更多的外部资源。受灾居民在灾后恢复期间可以利用嵌入于自己社会网络中的资源获得正式和非正式支持，从而更快更好地恢复正常生活。通常而言，社会弱势群体的社会资本较多依赖强关系网络，该关系网络中的个体具有很强的同质性，这可能对其经济恢复带来不利影响。

二、脆弱性理论

（一）脆弱性理论概述①

脆弱性不仅是贫困的一个重要维度，而且是造成贫困和赤贫的原因。有证据表明，脆弱性对人力资本的形成、营养和收入都有持久的影响。Alwang，Siegel 和 Jorgensen（2001）认为，脆弱性作为一个概念，其基本原则包括：（1）它是事前对一些福利水平在未来经历损失的概率的解释。（2）一个家庭由于不确定事件引起的未来福利损失可以被定义为脆弱性。（3）脆弱性的程度取决于风险的特点和家庭应对风险的能力。（4）脆弱性是随着时间对风险发生的响应，例如，家庭可能在下一个月或下一年对风险是脆弱的。（5）穷人或接近贫困的人由于资产（广义的）

---

① 黄承伟，王小林，徐丽萍. 贫困脆弱性：概念框架与测量方法[J]. 农业技术经济，2010(8).

的限制和应对风险的能力限制，趋于脆弱。从这个意义上讲，脆弱性是将来没有达到一定的福利水平的可能性。脆弱性是一种事前的预测，不能直接观察到。

不同的学科对于脆弱性的定义是不同的。经济学家对脆弱性的定义，通常强调在一定条件下，家庭应对风险的结果。其结果往往是关注用货币测量的福利损失。即家庭面对某种风险，产生的收入或消费方面的福利损失。这就需要一个基准，而这个基准往往是贫困线。事实上，对于福利的衡量，或者对于贫困的衡量，还需要其他方面的测量。正如Ravallion(1996)所言，贫困是一个复杂的概念，需要其他方面的补充测量。它不仅仅包括收入脆弱性，还包括与健康、暴力、社会排斥相关的风险(Coudouel 和 Hentschel，2000)。社会学家对脆弱性的定义，丰富了脆弱性和贫困的内涵。许多社会学家把脆弱性看作贫困的一个维度，以补充仅仅使用货币标准定义贫困的不足。社会学家常常使用"社会脆弱性"以区别于"经济脆弱性"。他们定义脆弱性人群，例如，"处于风险的儿童"、女性户主、老人、残疾人以及处理家庭内部关系。Moster 和 Holland 定义脆弱性为个体、家庭或社区面对变化的环境福利的不安全。社会学家的最大贡献在于拓展了资本的概念，让人们认识到除了物质资本、经济资本之外，还有重要的社会资本(Moster 和 Holland，1998)。在社会学家看来，在"风险—风险响应—结果"这一风险链中，社会资本对于风险管理至关重要。环境学家关注整个物种和生态系统的脆弱性。世界银行环境部将脆弱性分解为两个主要的维度：风险暴露和应对能力(见表 1-1)。就人类而言，高(低)脆弱性的家庭是那些面对高(低)风险暴露和低(高)风险应对能力的家庭。因此，同样的风险暴露，因应对风险能力的不同，会有不同的结果(Sharma，et al，2000)。

表 1-1　脆弱性：风险暴露和应对能力

风险暴露	应对能力	
	高	低
高	低脆弱性	高脆弱性
低	高脆弱性	低脆弱性

健康和营养学家将脆弱性定义为营养脆弱性。通常定义为缺乏正常生活需要的食品摄入的概率(National Research Council，1986)，或者是忍受与营养相关的患病率或死亡率(Davis，1996)。不同学科立足于

自身的研究范式对脆弱性概念进行的分析，有助于我们更好地理解为什么同一种灾害会对不同人群产生不同的影响。

(二)脆弱性与贫困

灾害对于受灾区域的影响并不是平均分布的。灾害发生时，贫困群体之所以在灾害中遭遇更大的损失和影响，往往是由其自身的脆弱性造成的(如图 1-2)。

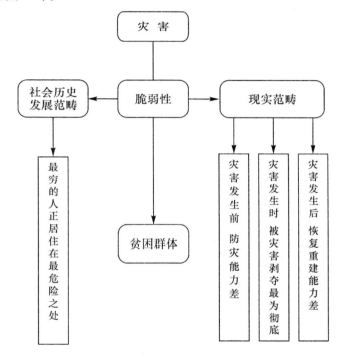

图 1-2 灾害对贫困影响的分析框架

在历史演进中，人们总是依靠自己的理性选择趋利避害，尽可能选择那些适合人类居住而又很少发生天灾的地区居住。于是经过历史发展的积累，居住在那些生存环境恶劣、灾害经常爆发区域中的，通常都是贫困群体。贫困人群中先摆脱贫困、逐步富裕的优秀分子通常会选择更好的居住条件。随着时间的演变，形成了"最穷的人正居住在最危险之处"的现实。这是社会历史发展范畴中贫困群体的脆弱性的表现。

在现实范畴层面，当灾害真实发生的时候，除非灾害强度小到不显著或者大至可以吞没一切，否则贫困群体的脆弱性都会非常凸显。表现在：第一，灾害发生前，贫困群体防御灾害的能力较差。生活方面，经济条件的限制使贫困群体在建材选择、建筑设计和建造质量等方面，更易于采取成本更低的方式，降低了房屋抵御灾害的能力；由于贫困地区土地资源紧张，群众聚居地区尤其是那些人多地少的地方往往会出现建筑密集、街巷狭窄等建筑规划不合理的情况，这种居住格局也非常容易加重损失和伤亡现象。生产方面，贫困群体所从事产业对于自然条件的依赖性强、生产技术含量低、生产工具粗糙、保护措施不健全，灾害一旦发生，贫困群体的生产成果也最容易付诸东流。第二，灾害发生时，灾害对于贫困群体的剥夺更为彻底。一方面，贫困群体的财产结构单一，大多数农户都把多年的积蓄花费在了房屋的建设上，房屋损毁也就意味着失去了所有财产。另一方面，贫困群体的生产活动比较单一，其主要收入来源于传统的家庭种养业，当灾害发生的时候，较之那些存有一定积蓄而又掌握其他致富手段的农户而言，靠天吃饭的贫困农户也就被灾害剥夺得更为彻底。第三，灾害发生后，贫困群体的恢复重建能力差。一是由于地处偏远、交通不便，各种资源有限，贫困群体重建活动的成本要比非贫困地区要高得多，如相同数量的建材，到偏远地区需要更高的运费，等等。二是一些普惠性政策并不利于贫困群体，比如那些仅仅补助部分投资的项目，贫困群体由于缺乏自筹能力而不得不放弃。三是当负债必须发生时，贫困户的负担将进一步加重。

（三）灾害、风险与贫困

风险是指能够损害人们福利的未知事件。风险与事件发生的概率相关，超出了个体家庭的直接控制。连接灾害、灾害风险与贫困之间关系的纽带是贫困人口的脆弱性，而且这种脆弱性是生态脆弱、经济脆弱和社会脆弱的高度叠加与累积。

生态脆弱是指贫困人口往往生活在自然环境恶劣、自然灾害频发的生态脆弱区，而且在生态保护与生态破坏之间难以保持适当的平衡。生活在生态环境脆弱地区中的人蒙受灾害打击和遭受灾害损失的机会更高，风险更大；经济脆弱是指贫困人口在收入与消费水平、经济发展资源与条件、市场分享和参与度等方面的低下、弱势与不足；社会脆弱是指贫困人口在社会资本、话语权、社会参与、社会排斥等方面的制度性或机制性弱势。在上述多重脆弱的叠加与累积背景下，当贫困人口遭受灾害打击时，在不同的时段都面临相当不利的境况。在灾害发生前，贫困人口在生产生活的诸多方面都表现出防灾减灾能力低的特征；在灾害发生时，贫困人口的受灾程度重，出现"仅有的资产或生产剩余被剥夺"的局面；在灾害发生后，贫困人口的恢复重建难度大，在缺乏外部的强力支持下难以短时间里恢复到灾前的状况，脱贫致富的愿望就更为遥远了。

　　图 1-3 是一个有关灾害—风险、脆弱性与贫困的解析模式。在图中的左边表示受到风险的打击对家庭产生影响，增强了家庭的脆弱性，导致或加剧了贫困。图的右边表示家庭的抵御风险能力的高低对贫困的影响。脆弱性既是风险的产物，也是个体抵御风险的能力和行动的产物。当风险打击程度相同，风险抵御机制强的家庭脆弱性较小，风险抵御机制弱的家庭脆弱性较强。刚摆脱贫困的家庭面对较强的风险打击，由于自身的风险抵御机制弱，更容易陷入贫困，而能够经受打击的家庭可能不会陷入贫困。脆弱性的程度依赖于风险的特点和家庭抵御风险的机制。抵御风险的能力依赖于家庭特征，即他们的资产。穷人的生计更脆弱，因为他们的风险抵御能力更低，或者他们的风险抵御能力范围不能完全的保护他们。风险打击导致个人或家庭福利降低或贫困，前提是家庭缺少抵御风险的能力。因此，家庭抵御风险的能力低，也是导致穷人持续贫困的一个原因（Barrientos，2007）。

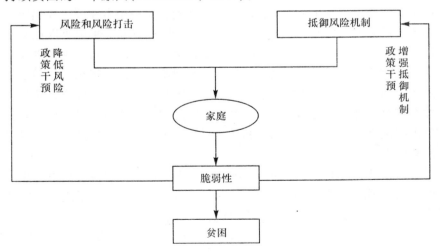

图 1-3　灾害—风险、脆弱性与贫困的解析模型

三、风险控制理论

(一)风险理论概述

风险不同于损失或冒险，它指的是依未来的可能性来计算损失。风险与事件发生的概念相关。风险因素包括自然灾害、社会风险(犯罪、暴力、政治等)、个人风险(疾病、受伤、事故、家庭变动等)、经济风险(失业、资产损失等)。

研究风险社会的理论学家贝克认为当人们进入工业化社会后，有了理性思考能力，人能够以人为的方式介入自然界与社会生活，才有了现代风险的概念。他指出："风险是个指明自然终结和传统终结的概念。或者换句话说：在自然和传统失去它们的无限效力并依赖于人的决定的地方，才谈得上风险。风险概念表明人们创造了一种文明，以便使自己的决定将会造成的不可预见的后果具备可预见性，从而控制不可控制的事情，通过有意采取的预防性行动以及相应的制度化的措施战胜种种副作用。"[①]现代资本主义正是通过精准计算未来得失、风险大小来赚取更多的金钱的。福利国家基本上也采用的是风险管理模式，其用意是当个体在遭遇意外伤害、疾病、失业或年老时能免受伤害[②]。我国学者蒋维等认为风险是指可使未来的管理遭受损失的不确定因素，风险是指发生不幸事件的概念，风险就是一个事件产生我们所不希望的后果的可行性[③]。从对风险这一概念现有研究成果中可以推导出以下结论：一是风险代表着各种不确定因素所产生的与行为主体主观意愿相违背的各种不利后果的可能性；二是风险可以借用现代的科学技术给予辨识、分析、评估以及适当预防。风险是一个现代的概念，它是人类在应对各种意外后果过程中的产物；三是现代社会中的风险不只有自然灾害风险，还包括人为创造的各种风险，现代社会的风险源头更加广泛和综合。

风险是针对不确定事件而言的，在许多情形下，灾害就是不确定事件。随着国际灾害风险研究的不断深入，对灾害风险又有了进一步的认识，提出了一系列关于灾害风险的概念(见表1-2)。

---

① 乌尔里希·贝克. 自由与资本主义[M]. 杭州：浙江人民出版社，2001：119.
② 刘莹. 贝克"风险社会"理论及其对当代中国的启示[J]. 国外理论动态，2008(1).
③ 蒋维，金磊. 中国城市综合减灾对策[M]. 北京：中国建筑工业出版社，1992：74.

表 1-2 灾害风险的概率①

研究机构和学者	灾害风险概率
Smith，1996	风险＝发生概率×损失；致灾因子＝潜在的危险
IPCC，2001	风险＝发生概率×不同影响强度
Morgan and Henrion，1990	风险就是可能受到灾害影响和损失的暴露性
Jones and Boer，2003	风险＝发生概率×灾情；致灾因子：一个潜在可能导致灾情的事情，例如地震、洪水、干旱或者一种可能导致生命体疫情的情况
Downing etal，2001	在一定时间和区域内某一致灾因子可能导致的损失（死亡、受伤、财产损失、对经济的影响）；致灾因子：一定时间和区域内的一个危险事件，或者一个潜在破坏性现象出现的概率
Downing etal，2001	风险＝致灾因子出现的概率；致灾因子＝对人身和社会安全的潜在威胁
Adams，1995	一种与可能性和不利影响大小相结合的综合度量
Crichton，1999	风险是损失的概率，取决于 3 个因素：致灾因子、脆弱性和暴露性
Stenchion，1997	风险是不受欢迎事件出现的概率，或者某一致灾因子可能导致的灾难以及对致灾因子脆弱性的考虑
UNDHA，1992	在一定时间和区域内某一致灾因子可能导致的损失（死亡、受伤、财产损失、对经济的影响）；可以通过数学方法，从致灾因子和脆弱性两方面计算
Carreno etal，2000	风险＝硬件风险(对物质基础设施和环境的潜在破坏)×软件风险(对社会群体和机构组织的潜在社会经济影响)
Carreno etal，2004	风险＝物质破坏(暴露性和物质易损性)×影响因子(社会经济脆弱性和应对恢复力)
UNDRO，1991	风险＝致灾因子×风险要素×脆弱性
Wisner，2001	风险＝(致灾因子×脆弱性)－应对能力
Wisner，2000	风险＝(致灾因子×脆弱性)－减缓
De La Cruz Reyna，1996	风险＝(致灾因子×暴露性×脆弱性)/备灾
Yurkovich，2004	风险＝致灾因子×暴露性×脆弱性×相互关联性
UN，2002	风险＝(致灾因子×脆弱性)/恢复力

---

① 殷杰，尹占娥，许世远，等. 灾害风险理论与风险管理方法研究[J]. 灾害学，2009(6).

殷杰等人根据表 1-2 中不同历史时期对灾害风险的认识将灾害风险概念归为 3 个方面：（1）从风险自身角度将灾害风险定义为一定概率条件的损失；（2）从致灾因子的角度，认为灾害风险是致灾因子出现的概率；（3）从灾害系统理论定义灾害风险，通过对致灾因子的研究，并开始更多地重视人类社会经济自身的脆弱性在灾害形成中的作用，认识到人类自身活动会对灾害造成"放大"或者"减缓"的作用，将灾害风险定义为致灾因子和脆弱性的结合①。基于以上研究，我们有必要去关注灾害风险管理的理论体系和有关实践。

（二）灾害风险管理

一般意义上的灾害是某种实实在在的现象或事件，往往对一定人群的生命财产、生产活动、生活秩序等构成切切实实的破坏。但是在当下社会，灾害日益显现为一种潜在的风险状态，灾害并不必然发生但时时处于难以预料又始料不及的状态，具有极度的不稳定性。灾害风险管理概念的提出主要是对重灾后恢复重建、轻灾前预防的应急管理和重结果、轻过程的危机管理的反思，试图构建一套全方位、可持续、多主体、纵横交错的管理体系。

援引国内外灾害管理研究资源并结合实践进展，采纳逻辑完备、体系合理、运转良好的综合灾害风险管理概念、理论和方法，灾害风险管理可界定为人们对可能遇到的各种灾害风险进行识别、估计和评价，并在此基础上综合利用法律、行政、经济、技术、教育与工程手段，通过整合的组织和社会协作，通过全过程的灾害管理，提升政府和社会灾害管理和防灾减灾的能力，以有效地预防、回应、减轻各种自然灾害，从而保障公共利益以及人民的生命、财产安全，实现社会的正常运转和可持续发展（张继权、冈田宪夫、多多纳裕一，2006）。这一概念包括四个方面的具体含义：一是全灾害的管理。基于灾害之间的关联性、连带性以及相互转化的可能性，灾害管理要从单一灾害处理的方式转化为全灾害管理的方式，即制定统一的战略、统一的政策、统一的灾害管理计划、统一的组织安排、统一的资源支持系统等。二是全过程的灾害管理。综合灾害风险管理贯穿灾害发生发展的全过程，包括灾害发生前的日常风险管理，灾害发生过程中的应急风险管理和灾害发生后恢复重建

---

① 殷杰，尹占娥，许世远，等. 灾害风险理论与风险管理方法研究[J]. 灾害学，2009(6).

过程中的危机风险管理。灾害风险管理是一个整体、动态、过程和复合的过程，主要包括疏缓（防灾/减灾）、准备、回应（应急和救助）和恢复重建4个阶段。三是整合的灾害管理。通过激发政府、公民社会、企业、国际社会和国际组织等不同利益主体在灾害管理中的组织整合、信息整合和资源整合，以形成统一领导、分工协作、利益共享、责任共担的机制，确保公众共同参与、不同利益主体行动的整合和有限资源的合理利用。四是全面风险的灾害管理。其策略是将风险管理与政府政策管理、计划和项目管理、资源管理等政府公共管理有机整合，内容有建立风险管理的能动环境、确认主要的风险、分析和评价风险、确认风险管理的能力和资源、发展有效的方法以降低风险、设计和建立有效的管理制度进行风险的管理和控制（Okada N，Amendola A，2001；Okada N，2003）。

（三）灾害风险管理与减贫

灾害风险管理与减贫密不可分，相辅相成。灾害风险给减贫工作带来了挑战，也唤起了人们从灾害风险管理的角度来重新认识减贫的意识。科学有效的灾害风险管理有助于降低缓解贫困成本，提高减贫效果，巩固减贫成果，而卓有成效的减贫工作同样可以达到防灾、减灾的效果。从国内外的研究现状来看，对灾害风险管理与减贫展开研究，都有利于建立新型应对灾害的战略和政策，不断创新应对灾害的体制和机制，构建综合性更强、效度更高的灾害风险管理理论和措施，进而为减贫研究提供开拓性的理论视野和方法技术。因此，重新审视中国农村贫困地区的灾害问题，探讨适合农村贫困地区的灾害风险应对机制，把灾害风险管理真正地纳入新阶段减贫战略，将是灾害多发的贫困地区从根本上脱贫致富的有效路径。

黄承伟和李海金在对已有有关灾害风险管理与减贫的研究资源进行批判性反思的基础上，建构了一套灾害风险管理与减贫理论及实践研究的分析框架（如图1-4）。这一研究框架主要包括四个部分，通过解析这一框架有助我们清晰理解灾害风险管理与减贫的理论及实践的关键要素和核心论题。具体包括：（1）动因。从灾害、灾害风险、贫困三个概念和"灾害—贫困"、"灾害风险—贫困"两对关系出发，从理论和现实层面阐述灾害风险管理与减贫理论及实践研究的动因和背景。这对关系模型是双向的，不仅灾害和灾害风险会导致贫困或使受灾人口随时面临坠入贫困的可能，而且贫困人口在脱贫致富过程中也会由于其他替代性资源

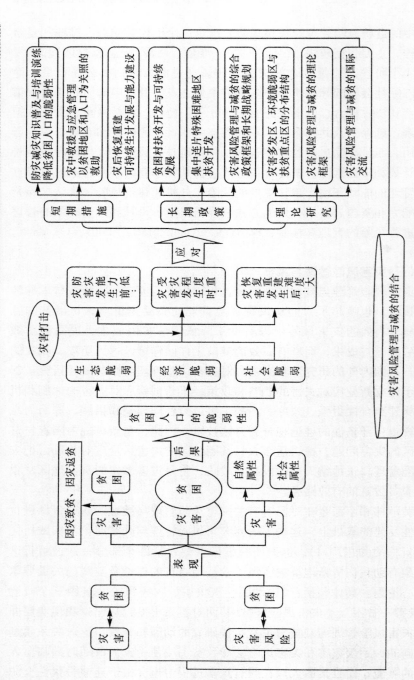

图1-4 "灾害风险管理与减贫的理论及实践研究"的分析框架

的缺乏而采用非可持续的发展模式，从而导致对自然资源的过度开发和对自然环境的巨大破坏，增加灾害发生频次及其可能性。（2）表现。"灾害—贫困"、"灾害风险—贫困"两对关系存在三个方面的具体表现：一是灾害成为一项重要的新型致贫因素之一，所谓"因灾致贫"、"因灾返贫"，而且同等程度的灾害对贫困地区与发达地区的影响具有显著性差异；二是灾害与贫困在分布区域上的重合性，灾害多发地区与贫困人口集中地区具有高度的区域重合性；三是灾害兼具自然属性和社会属性以及社会属性凸显，从而与区域条件和人的主体性联系密切，这就使得贫困地区和人口的弱势化与脆弱性在灾害管理中暴露明显。（3）后果。灾害、灾害风险与贫困密切关联的后果是贫困人口的脆弱性，而且这种脆弱性是生态脆弱、经济脆弱和社会脆弱的高度叠加与累积。生态脆弱是指贫困人口往往生活在自然环境恶劣、自然灾害频发的生态脆弱区，而且在生态保护与生态破坏之间难以保持适当的平衡；经济脆弱是指贫困人口在收入与消费水平、经济发展资源与条件、市场分享和参与度等方面的低下、弱势与不足；社会脆弱是指贫困人口在社会资本、话语权、社会参与、社会排斥等方面的制度性或机制性弱势。在上述多重脆弱的叠加与累积背景下，当贫困人口遭受灾害打击时，在不同的时段都面临相当不利的境况。在灾害发生前，贫困人口在生产生活的诸多方面都表现出防灾减灾能力低的特征；在灾害发生时，贫困人口的受灾程度重，出现"仅有的资产或生产剩余被剥夺"的局面；在灾害发生后，贫困人口的恢复重建难度大，在缺乏外部的强力支持下难以在短时间内恢复到灾前，脱贫致富的愿望就更为遥远了。（4）应对。主要包括三个层面：一是短期措施，包括以降低贫困人口的脆弱性为目标的防灾减灾知识普及与培训演练、以贫困地区和人口为关照的灾中救援、应急管理和社会救助、灾后恢复重建和可持续生计发展与能力建设；二是长期政策，强调可持续发展以及综合性政策框架和长期发展战略，以及新十年扶贫开发纲要实施中对集中连片特殊困难地区的重点关注；三是理论研究，包括灾害多发区、环境脆弱区与扶贫重点区的分布结构分析、灾害风险管理与减贫的理论框架建构、灾害风险管理与减贫的国际交流。另外，应注意几个结合：一是主体要素层面，国家与社区（及居民）的共同行动和通力合作，政府作为国家的代表又可以细分为中央政府和地方政府（还可以进一步细分出基层政府），应认识到各个层级的政府的理念、认知和行动差异，同时还应注重国际知识分享与经验借用；二是实际运行层面，

"理论—实践—战略—政策"技术路线的内在逻辑关系及在研究实践中的具体运用，这条路线不是单向的，而是双向的甚至网状的；三是应对策略层面，根据主体需求和现实条件等因素的取舍，注意短期措施、中期策略与长期战略/政策之间的张力、联结与融合①。

四、能力建设理论

(一)能力建设理论概述

对能力建设基本向度的把握，应以能力的构成要素和能力主要特征为入口。一般的研究认为，能力是人在认识世界和改造世界过程中所表现出来的一种能动性，是在人的心理素质的基础上，经过教育和培养，并在实践活动中吸取人民群众的智慧和经验而形成和发展起来的②。这类研究是把人的能力看做是个体的心理特征。韩庆祥从哲学视角分析指出，能力是一个非常复杂的系统，它是由知识、潜能、体能、智能、技能、情感(力)和道德(力)等要素所组成的多维结构系统③。这一研究是以更开阔的视野去理解和把握能力的本质和基本内涵。综合以上分析认为，一般意义上的能力建设就是指通过教育、培养、使用、管理、激励等途径，开发人的潜能，提高人的素质，充分调动人的积极性，以增强人们认识、改造自然和社会的能力。能力建设的目标是发掘人的潜能、培育和完善人的能力。

从人的心理特征和内在品质的角度研究能力，进而去认识能力建设，显然不能满足灾害风险管理的要求。从灾害风险管理的角度来讲，任何增进个人或家庭抵御灾害风险能力，减弱其脆弱性，有效避免个人及其附属物在灾害中遭受损失的行为都可称为能力建设。由我国民政部国家减灾中心在2009年2月推出的一项关于《农村社区减灾能力建设研究报告》也认为，"从广泛的意义上说，凡与提高减灾能力相关的行为都可称之为减灾能力建设的行为"。同时该报告中还指出，农村社区减灾能力建设主要是指农村社区防灾减灾的基础建设、农村社区居民自身防灾减灾能力建设和农村社区防灾减灾管理三个方面。其中基础建设包含

---

① 黄承伟，李海金. 灾害风险管理与减贫的理论及实践研究：一个新议题[J]. 中国国际扶贫中心研究报告，2012(1).

② 郭志伟. "能力"与"能力建设"释义[J]. 长春师范学院学报，2006(5).

③ 韩庆祥，雷鸣. 能力建设：应当重视的一个新的时代性课题[J]. 天津行政学院学报，2003(3).

对隐患点的治理、基础设施抗灾害强度及分布的合理性、房屋结构抗灾害冲击能力、是否建造有专门的避难场所、是否有卫生站(点)、是否有商店、是否有村级广播网、是否有防灾减灾设备等；居民能力包括居民对灾害风险识别的能力、掌握相关救灾知识和技巧、灾害风险防范意识、家庭防灾及参与减灾的能力等；减灾管理主要包括管理政策的制度、资金预算的投入、设置预警预报系统、建立应急管理机构、开展防灾减灾宣传、组建志愿者队伍、关注弱势群体、实施灾后恢复重建所具备的各种能力等①。在社区、家庭及个人层面，完善以上软硬件设施的行为都属于防灾减灾能力建设的范畴。换言之，关于防灾减灾的能力建设，不仅仅包含增强个人、家庭的防灾抗灾意识，提高个体抵御风险，应对灾害的能力，同时还包含社区层面应对灾害，组织防灾救灾的行动效能；不仅仅包含个人、家庭和不同层级组织抵御自然灾害的"软件"建设，同时还包含由人所创造的各种抵抗灾害风险的物质环境的"硬件"建设，如选择居住在远离灾害风险点的地方，建筑抗灾力强的房屋；再如在社区建设公共避灾点，在避灾点储藏救灾物资，以备不时之需等。除此之外，国家的灾害预警系统、救灾抗灾组织体系等外部环境的建设也应该被纳入到防灾减灾能力建设的范畴之中。以上对能力建设的分析扩大了能力的主体范畴和能力的基本内涵，而灾害风险管理的复杂性和系统性是需要将能力概念进行扩展的主要原因。

(二)能力建设与灾害风险管理

王绍玉等人把能力(特指防灾减灾能力)定义为一个地区在应对突发灾害时，其拥有的人力、科技、组织、机构和资源等要素表现出的敏感性和调动社会资源的综合能力，构成要素包含灾害识别能力、社会控制能力、行为反应能力、工程防御能力、灾害救援能力和资源储备能力(如图5)②。并认为有效的防灾减灾能力对自然灾害风险的生成是重要的制约因素。这一认识源于张继权有关灾害风险模型的研究。张继权在概括国际上提出的灾害风险的危险性、易损性、暴露性和准备能力的基础上，认为灾害风险模式除包含前三种因素以外，社会的防灾减灾能力也是影响和制约灾害风险的重要因素。基于这一观点，他所构建的灾害风险模型为：R(风险)＝H(危险性)·V(易损性)·E(暴露性)·C(防

---

① 见民政部国家减灾中心 2009 年 2 月发布的《农村社区减灾能力建设研究报告》。

② 王绍玉，冯百侠. 城市灾害应急与管理[M]. 重庆：重庆出版社，2005.

灾减灾能力)①。王绍玉理解和吸收这一模型成果后在其《综合自然灾害风险管理理论依据探析》一文中指出，一个社会的防灾减灾能力越强，生成灾害的其他因素的作用就越受到制约，灾害的风险因素也会相应地减弱。"在危险性、易损性和暴露性既定的条件下，加强社会的防灾减灾能力建设将是有效应对日益复杂的自然灾害和减轻灾害风险最有效的途径和手段。"②基于张继权和王绍玉等人的研究，结合本书先前对灾害风险管理的论述，我们认为针对某一主体(家庭或地区)防灾减灾能力的建设是实现对灾害风险有效管理的一个重要途径。

图1-5描述的防灾减灾能力的构成要素涉及多个层面、多个维度，提高地区防灾减灾能力，强化地区灾害风险管理水平，普通个体、社区

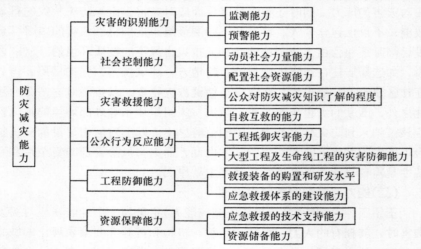

图1-5 防灾减灾能力的构成要素

组织、社会团体及国家不同层面都需要作出相应回应，同时，在内容方面，不仅仅需要国家或其他组织加强对各种自然灾害的致灾因子、发生机理、破坏特征的科学研究，加强对各种自然灾害的监测、预报和预警，提高科学识别灾害的能力，同时还需要构筑各种有效抵御灾害和应对灾害的工程设施。当然，除以上环节外，怎样通过一个合理的组织系统将相关知识、应对灾害技能和其他的防御手段传递到每一个家庭和个

---

① 张继权等.综合自然灾害风险管理——全面整合的模式与中国的战略选择[J].自然灾害学报，2006(15).

② 王邵玉，唐桂娟.综合自然灾害风险管理理论依据探析[J].自然灾害学报，2009(4).

人，确保普通民众避免或减轻遭受灾害的冲击才是重中之重。

在近期，有关中国灾害风险管理理论与实证研究犹如雨后春笋般涌现，这些研究在关注防灾减灾能力建设与灾害风险管理关系这一议题的过程中，重点探讨贫困地区、贫困农户的灾害风险应对能力的影响因素及建设问题。庄天慧、张海霞在关于家庭禀赋对农村灾害风险应对能力的影响分析的研究中建议：增加对贫困地区的反贫困力度，着重开展农户的非农就业培训，加大对农业大户的技术扶持和金融保险投入，积极支持建设乡村交通、通讯、医疗、教育等基础设施，引导乡村组建经济合作组织等行为，都有助增强农户灾害风险的应对能力①。黄承伟在有关农业避灾产业与减贫的研究中指出，农业的自然性特点决定了农业发展要受到自然条件的影响和制约，也因此，自有农业以来，在农业生产中规避自然灾害影响，最大限度地降低自然灾害就成为农业发展探讨的重要议题。他认为所谓的避灾农业是以严格遵循自然规律和市场经济规律为前提，采取政策、科技、工程、农艺等综合性措施，通过大力调整农业结构，变对抗性生产为适应性发展，最大限度地规避自然灾害，促进农业的可持续发展②。显然，有关如何提升农户灾害风险的应对能力，为什么要发展避灾农业以及如何发展避灾农业等问题的研究，其本身就构成了防灾减灾能力建设的一部分。这一话语再次论证了防灾减灾能力建设的多元性和复杂性。

提高地区减灾防灾能力，强化不同主体抵御风险意识是减轻灾害风险最有效的途径和手段，但这不表示强化防灾减灾能力建设就构成了灾害风险管理的全部。灾害风险所带来的损失大小与灾害的危险性、承灾体的易损性、相关生命和物质财产的暴露性等都有关联。灾害的危险性主要由致灾因素及其活动的规模（强度）和活动频次（概率）决定。一般灾害强度越大，频次越高，灾害所造成的破坏损失越严重，灾害的风险也越大。100多年来的现代化运动在改善人类生活水平的同时，也强化了自然灾害发生的强度和自然物质发生灾害变异的危险性。这一分析结论意在指出积极反思人类目前的发展，减少人类活动对大自然的扰动程

① 庄天慧，张海霞. 家庭禀赋对农户灾害风险应对能力的影响分析[C] // 灾害风险管理与减贫的理论及实践国际研讨会. 灾害应对与农村发展：灾害风险管理与减贫的理论及实践国际研讨会论文集. 武汉：华中师范大学出版社，2012.

② 黄承伟. 农业避灾产业与减贫概述[M]，中国国际扶贫中心研究报告，2010.

度，保障自然物质按照其自身规律演化也是灾害风险管理的重要内容。

（三）社区能力建设与灾害风险管理

社区是指居住在一定区域范围内的、具有共同价值观念的同质人口所组成的关系密切的社会共同体。从功能主义视角出发，功能主义学派研究认为人类之所以选择社区生活的聚居方式，是因为人们可以通过社区的合作得到若干的利益和保障。在于显洋看来，社区的功能分为经济功能、政治功能、教育功能、卫生功能、福利和服务功能、娱乐功能和宗教功能等七个一般功能和社会化功能、社会控制功能、社会参与功能、社会互助功能等四个本质功能①。社区是人们生活和行动的主要场域，尤其是在人员流动性不强和以血缘地缘为主要关系纽带的中国社会，社区就像是家庭的向外延展，满足着个体生存与发展的多重功效。由于社区对个人和家庭的特殊作用以及单个个人和家庭难以应对巨大灾害冲击的现实，在灾害风险管理体系中，以社区为单位，提升社区防灾减灾能力，加强社区抵御灾害风险的能力建设就显得极为重要。

2009 年 2 月，由民政部国家减灾中心组织开展的一项关于农村社区减灾能力建设的研究认为，农村社区减灾的能力建设，主要是指农村社区防灾减灾的基础建设、农村社区居民自身的防灾减灾能力建设和农村社区防灾减灾管理三个方面。其中，基础建设侧重于社区居民所栖居的社区抵御自然灾害的"硬件"建设，减灾管理则强调的是社区减灾的"软件"建设。

民政部国家减灾中心开展的这项研究以及构建的农村社区减灾能力建设的框架体系也基本适合于城市社区。该项研究的产出报告指出，全面提升农村社区防灾减灾能力，需要启动以下工作：建立农村社区减灾能力建设的动态综合评估体系；根据评估结果，制定《农村社区防灾减灾能力建设发展规划》；在农村住房建设中强制性地引入抗灾标准；重点开展对多灾易灾和高风险社区居民灾害风险识别、防灾减灾知识和自救互救技巧方面的培训和演练活动；建设农村社区自救互救组织，推动自愿组织承担社区居民的防灾减灾培训、应急救援以及弱势群体的救援工作；制定以社区为主体的灾害救助应急预案，在灾害风险评估的基础上，在交通不便、灾害风险高的社区建立小型的救灾物资储备站；按照因地制宜的原则建立符合社区特点的预警预报系统；充分发挥灾害保险

---

① 于显洋. 社区概论[M]. 北京：中国人民大学出版社，2006(1).

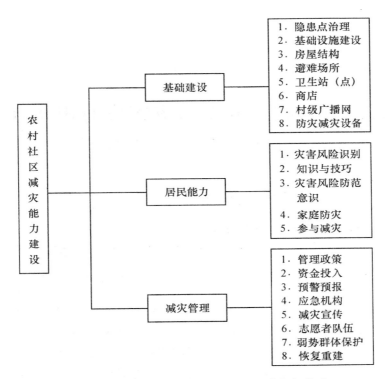

图 1-6 农村社区减灾能力建设调研的框架体系

在社区减灾能力建设中的作用等①。显然，以上建议在提升城市社区抵御风险能力方面也具有价值，该分析框架为我们了解如何通过社区能力建设实现对灾害风险的有效管理提供了认知基础。

尽管城乡社区在防灾减灾能力建设的路径方面具有相通性，但由于贫困与灾害之间存在若非必然也必定相关的关系，导致农村社区，尤其是贫困社区的灾害管理任务将更加艰巨。除此之外，相关研究还发现城乡社区减灾发展存在严重不平衡。至少在目前，穷人和富人不可能享受同样的安全。那些经济不发达的地区防灾减灾能力也比较差，城乡间基本公共服务均等化任重而道远②。这一研究成果意味着针对贫困地区的灾害风险管理，不仅仅需要社区自身的努力，同时也需要国家、社会组织以及其他力量的介入支持。

---

① 见民政部国家减灾中心 2009 年 2 月发布的《农村社区减灾能力建设研究报告》。
② 吕芳. 中国社区减灾面临的挑战[J]. 中国减灾，2010(3).

第二章　扶贫开发与灾害应对相结合的国际案例与经验

一、发展中国家的案例与经验

(一)孟加拉国对贫困人口特别关注

　　孟加拉人民共和国位于南亚次大陆东北部的恒河和布拉马普特拉河冲击而成的三角洲上，北倚喜马拉雅山脉，南临孟加拉湾，海岸呈漏斗状。这一特殊地形虽然有助于季风气候在该国形成地形雨，但也成为了自然灾害孕育的温床。孟加拉国主要的自然灾害包括热带气旋、洪水、龙卷风、河堤侵蚀以及干旱，这些灾害给老百姓的生命财产造成了严重的损失。仅 2007 年 7 至 9 月，国家就遭受两轮洪水袭击，全国有 2/3 的区域受灾，灾民人数达 1600 万，有 1000 多人死亡。同年 11 月，强热带风暴"锡德"又袭击孟南部和西南沿海，造成 4000 多人死亡或失踪，800 多万人受灾[①]。据孟加拉国政府调查分析指出，特大灾害是老百姓极端贫穷的主要原因之一。全国有 49.8% 的人口生活在贫困线以下，其中 33.4% 为极度贫困人口[②]。

　　面对频发的自然灾害，孟加拉国探索了一条适合本国发展的且具有特色的灾害应对之策，在灾害管理的各项措施实施中强调对贫困人口的特别关注，以提高贫困人口的灾害抵御能力。具体体现在以下三个方面：

　　1. 面向基层的工作模式

　　在灾害管理过程中，政府建立了一套让穷人参加到灾害自救中的工

---

　　① 中国战略网. 孟加拉国缘何频频在自然灾害中损失惨重[EB/OL]. http：// observe. chinaiiss. com/html/20096/2/a19c67. html/2009-06-02.

　　② 中国人民共和国外交部. 孟加拉概况[EB/OL]. http：// www. fmprc. gov. cn/chn/pds/gjhdq/gj/yz/1206_22/1206x0/t354921. htm/2011-03-29.

作模式。建立了从国家到地区各级的紧急备灾机构，其中地区级包括地区、乡、村三级灾害管理委员会。在乡、村灾害管理委员会中，由村委会主席领导，以保证救灾行动符合当地实际。同时，始终突出乡灾害管理委员会和村灾害管理委员会的重要地位，将地区、乡和村三级灾害管理委员会的行动计划纳入基层灾害管理委员会，对基层的灾民及救灾措施加以保护。这样既可以提高地区自身的救灾能力，也可以保护基层组织权力，及时满足农村灾民的需求。

2. 从灾民的实际需求出发

政府建立了一套详尽的基层需求评估体系。为尽快、详实地对灾民短期需求做出评估，各级灾害管理委员会都提前设计好需求表格，由村和乡级灾害管理委员会进行具体填写操作，填好后再转交到灾害管理和救援部，再由其做出相应的决策。每次灾害一发生，这一程序便开始运作，直到抗灾救灾工作完成。因此，该评估体系不仅能对灾区的受灾情况进行了解和评估，也能切实反映灾民的实际需求，有利于各级部门做出正确的抗灾救灾决策，切实解决灾民的问题。

3. 开发穷人的潜力

在救灾和扶贫过程中，国家并非只考虑政府或外力对困难群众的帮助，而是最大限度地利用农民现有的技能，充分发挥自身环境优势和合理开发自身条件。如孟加拉国的小额信贷扶贫。该国政府于 1990 年建立 PKSF(PALLI KARMA—SAHAYAK Foundation)农村就业支持基金会，其目的在于"通过向农村穷人提供资源，帮助他们自我就业以改善生活景况"。该机构专门向符合条件的非政府、半政府和政府机构、自愿机构和团体、地方政府机构提供金融支持，支持、促进、发展并识别穷人的就业机会；在小额信贷成员遭遇严重自然灾害时和灾害重建期，可获得小额信贷机构的帮助、扶持。该国调查发现，加入小额信贷项目几年后的成员与新加入者人群相比，前者收入和资产均有所改善，且抗御风险的能力明显加强了。

(二)印度重大自然灾害的金融支持

印度是世界上灾害频发的国家之一，主要包括飓风、旱灾、洪灾和地震等自然灾害。印度农业部自然灾害管理司的报告指出：印度 4 亿公顷土地中，大约有 3 万公顷土地在每年 6 至 9 月的雨季被洪水淹没，约有 73.7% 的土地会受到旱灾的影响；全国有 5560 千米的海岸线，在阿拉伯海和孟加拉湾每年都要遭遇 5～6 次飓风袭击①。

虽然印度是目前世界最大的发展中国家之一，但经济社会快速发展的背后仍存在着严重问题。巨大的人口压力和城市化进程使印度饱受自然灾害的磨难，任何一场灾难，都可能让成千上万的人流离失所，生产、生活陷入困境，给经济和社会的发展带来深重的灾难。据世界银行统计，到 2008 年印度仍有 4.85 亿贫困人口，占其总人口的 41.6%②。

因此，为印度经济社会的发展营造一个相对稳定的内部环境，政府在扶贫开发和灾害应对方面不断努力，形成了包括重大自然灾害的金融支持等的管理手段。该国的银行机构在应对自然灾害方面已积累了一套较为成熟的制度体系，值得借鉴。

首先，银行的制度性安排。地区银行设置咨询委员会，在重大自然灾害发生时，召开紧急会议，迅速调集受灾地区银行机构采取相应措施应对灾害；设置州特别银行委员会，分析受灾最严重的区域及确保银行提供强有力的金融支持，同时还注重透明化的救灾形式，定期或不定期将赈灾各项措施实施情况进行公布，以保障计划的执行；与村镇政府合作，确定受灾的村镇数目及受灾群众名单，估算灾害造成的损失，特别是在广袤的山区，因人口分布较广且交通落后，为统计工作带来不便，然而这些地区往往又是损失最严重的，若统计和救济工作不到位将可能使灾区民众的生活无法继续。因此，在山区更需银行选择与村镇政府合作的形式，以促使灾害的统计工作顺利开展。

其次，农业信贷支撑。印度对灾区的农业信贷分短期和长期，短期用于满足季节性农作物的耕种、家禽饲养等的资金需求，长期用于满足农机具或其他设备的购买或维修。农业信贷无论是短期还是长期，均充分考察了贷款人所受损失的程度及其还贷能力，不仅要支持灾区生产又要控制银行的风险。

最后，信贷制度的标准化建设。频繁的自然灾害和庞大的灾民数量，使得印度面临着大量而复杂的借贷工作，因此标准化的建设成为必然。对于同一地区的信贷支持标准和规模，中央储备银行建议执行相同

① 江风. 独具特色的印度灾害管理体制[J]. 中国减灾，2003(4)：51.
② 中华人民共和国外交部：印度国家概况[EB/OL]. http:// www. fmprc. gov. cn/chn/pds/gjhdq/gj/yz/1206_42/2011-04 更新.

的标准，标准的制定需充分考虑当地其他信贷标准的普遍情况，并为个人消费信贷设定最低限额，以此保证灾民的基本生活水平和灾后重建资金。信贷标准一旦制定，由银行与当地政府部门(包括村镇政府)一起按标准审核申请人信息及贷款额度，使借贷有序、快速完成的同时也及时保障了灾民的生活生产物资的购置，对保障贫困灾民的生活来源起到了有效的作用。

印度的重大自然灾害金融支持还可体现在银行自身的防灾准备、硬件设施的改进等方面。印度的金融业从各个方面都积极参与到自然灾害的应对中，在自然灾害的管理中扮演了重要角色，成为了不可替代的部分。

(三)洪都拉斯将自然灾难管理纳入发展计划

洪都拉斯为拉丁美洲最贫穷的国家之一。根据联合国标准，该国的贫困率为 32%，在农村约有 40% 的人极度贫穷。据国际货币基金组织(IMF)公布的数据，2010 年洪都拉斯人均 GDP 为 2016 美元，仅为卢森堡(108832 美元)的 1.85%。全国食品无保障现象普遍。世界粮食计划署指出，洪都拉斯有 30.1% 的儿童存在严重的营养不良，近六成洪都拉斯人的寿命不到 24 岁。

世界粮食安全委员会在《灾害对长期粮食安全和脱贫的影响——正常含义》中指出："在那些营养不良人口比例为 20% 或以上的国家中，至少有 51 个国家在过去的二十年里，每个国家遭受了四次到八次的大灾害。……在拉丁美洲，洪都拉斯遭灾四次，受灾人口为 4.8 万到 210 万不等。"根据委员会的报告可知，粮食不安全的国家大部分还受反复自然灾害的影响，而洪都拉斯就是同时遭受粮食不安全和反复自然灾害双重打击的典型国家。如《世界银行 2002 年灾害报告》所述，1998 年洪都拉斯因米奇飓风造成了严重的损失(约等于 70% 的国内生产总值)。

经历了米奇飓风后，洪都拉斯在联合国开发计划署帮助下，编制了"关于洪都拉斯社会发展计划和方案"，将自然灾难风险管理纳入发展计划。该社会发展计划由八个方案构成，其中包括：国家协调论坛、社会投资基金、收入转移、妇女全面发展、社区教育、普及教育、社会住房基金、社会信息系统。洪都拉斯整个国家发展计划涉及社会各部门，其目的是推动各部门之间相互协作，特别着重改善国内最脆弱群体状况，使国家全面发展。如社会投资基金，其建立的目的是作为执行其他各项计划的主导机构，以改善国家基础设施现状，促进国家科教文卫事业发展为宗旨。该基金是整个发展计划的核心，一方面为发展计划确定实施主体，另一方面以"以工代赈"的形式为改善社会现状的同时提供就业机会，解决国民生计。另外，政府为改善脆弱群体的现状，不仅为其提供就业机会，增加他们的收入，还改变了该国的收入分配机制。该发展计划的收入转移方案，是以重视最贫穷群体和最受自然灾害影响地区为准则，实施新的家庭分配方案，以此减少国家的收入差距。不仅如此，国家还通过社区教育、普及教育的形式，将教育带到国家最偏远社区，满足贫困人口对知识的需求，提高整个国民的科学文化素质，以教育促发展反贫困。

除此以外，洪都拉斯政府还积极与一些国际组织合作，制定促进发展的其他计划。如 2003 年，中美洲七国签署"中美洲防灾减灾共同行动计划"，以增强这一地区防御自然灾害的能力，减少自然灾害对经济及社会发展的影响。2007 年，在第 62 届联合国大会中，洪都拉斯加入《兵库行动框架》的执行，负责《兵库行动框架》的实施、后续行动和进展监测，成为实施国际减少灾害战略的主体之一。

(四)莫桑比克灾后农业的恢复与发展

莫桑比克共和国位于非洲东南部。由于该国存在西北高东南低、多条河流从东南入海、受亚热带和热带气候控制等自然因素影响，加之受河道缺少水利控制设施等社会条件的制约，使其在雨季时常发生洪涝、飓风及暴雨等灾害。据统计，1980 年至 2007 年间，进入莫桑比克海峡的 56 次热带风暴和飓风就有 15 次登陆该国。然而，据莫桑比克国家灾害管理机构于 2009 年发布的报告称，由于全球气温升高，在未来数年内国家将更频繁地受严重干旱、洪涝、飓风等灾害的影响，可能损失沿海地区一半以上的国内生产总值。

莫桑比克是一个农业国，76％的人口从事农业生产，国家可耕地面积为 3500 万公顷，已开发 600 万公顷，畜牧面积为 1200 万公顷。农业产值占整个国内生产总值的 30％左右[①]。受自然灾害、国际经济和历史原因的影响，莫桑比克经济十分困难，是联合国宣布的最不发达国家之

① 中华人民共和国外交部. 莫桑比克国家概况[EB/OL]. http: // www. fmprc. gov. cn/chn/gxh/cgb/zcgmzysx/fz/1206_36/1207/t9439. htm/2011-03 更新.

一。2007 年，该国的贫困发生率为 50%，新生儿死亡率为 10.9%①。2009 年末，该国的人均国民生产总值为 501.6 美元，大约为美国人均国民生产总值的 1.1%。

面对贫困和灾害的双重压力，莫桑比克的灾害应对能力在实践中得到迅速提高，受到了联合国开发计划署的肯定。作为典型农业大国的莫桑比克，农业是摆脱贫困和发展经济的重点，因此在灾后恢复过程中，国家更加注重农业的恢复与发展。

1. 对农民进行基础培训，转变传统观念

莫桑比克许多农户还基本沿用非洲传统的游垦耕作方式，生产工具简单，科技运用很低，耕作方式落后。传统农耕方式以破坏环境为代价，不仅导致粮食不可持续增产，同时也增加了环境的负担，最终因自然生态失衡而导致自然灾害频发。因此，政府对农民进行基本的农技培训，改进农业耕作方法和技术，既保证了地区粮食供应和经济发展，同时也有效遏制了农户对环境的破坏，减少了自然灾害发生的可能性和必然性。

2. 加大财政投入，改善基础设施，建设灌溉系统

该国农业落后的另一主要原因是农业发展的配套设施薄弱，这不仅制约农业自身的发展，也增加了农业受灾的风险，减缓灾后农业恢复生产的速度。因此，政府加大农业财政投入，促进农业融资和农业信贷，从而加大农业的投资，修复和完善能源、灌溉系统、电信、道路、桥梁等支援农业的基础设施。另外，国家专门制定了《水利法》，成立了与灌溉有关的国家水利委员会、全国水利司、地方河湖管理局等机构组织，以改善水资源利用条件。上述措施不仅促进了粮食产量的增加，同时也增强了农业的抗灾能力和灾后恢复能力。

3. 加强国际合作与交流

莫桑比克拥有丰富的农业资源，但国内粮食消费却不能自给，严重依赖外援。通过加强与国际的交流与合作，学习和协同国际应对本国农业灾害风险，促进国内农业的发展。如该国的农业种子存在严重短缺的现象，因此莫桑比克利用其是南部非洲发展共同体成员国的身份，与共

---

① 世界银行. 发展援助会议历数了莫桑比克的增长 [EB/OL]. http: // web. worldbank. org/WBSITE/EXTERNAL/COUNTRIES/AFRICAEXT/MOZAMBIQUEEXTN/ 0,contentMDK:21392757~menuPK:3821.

同体制定并实施了农业种子合作计划，使得国内的农业种子供应得到了保障。另外，为促进农业生产，减少本国农业灾害风险的承载力，政府把农牧业和农工企业作为开放和重点鼓励行业，通过减税免税、放松外汇管制等一系列措施吸引境外资金投资农业。

（五）发展中国家的经验与启示

1. 发展中国家的经验总结

面对贫困和自然灾害的双重压力，各发展中国家都根据本国的实际国情，积极探索扶贫开发与灾害应对结合的发展道路，并取得了明显成效，其经验可概括为：

（1）根据承灾体的脆弱程度，给予不同的关注。孟加拉国人口密集且总人口的 85% 为农民，因此在遭受灾害时，农民是灾害的主要承受体。然而，农民普遍受贫困问题困扰，在面对灾害时，抵抗能力显然较低，成为承灾体的高脆弱人群。因此，孟加拉国在灾害应对时，始终给予贫困人口特别关注，将灾害应对和扶贫开发相结合，促进贫困人口发展。莫桑比克是典型的农业大国，农业既是受灾最严重的产业，也是摆脱国家贫困、应对自然灾害的关键产业。因此，莫桑比克政府一直重视农业的恢复和发展。发展中国家灾害管理与扶贫结合的经验是：从高脆弱的承灾体出发，重视农业和农民发展问题。

（2）在扶贫开发和灾害应对过程中，金融机构始终发挥着不可忽视的作用。孟加拉国通过 PKSF 农村就业支持基金会发放小额信贷，帮助穷人创造就业机会，改善生活状况。在印度的扶贫开发与灾害应对过程中，金融机构发挥的作用更是不容忽视。银行专门设置各级委员会，积极参与到自然灾害应对的各个环节。银行不仅给予农业强大的信贷支撑，还进行信贷制度标准化建设，使其能更好地为社会服务。显然，无论是扶贫开发还是灾害应对，金融机构都发挥着重要的作用。

（3）发展才是硬道理。世界银行指出，灾后恢复的本质是国家的发展。只有国家发展了，在灾前才有足够的实力完善基础设施、构建灾害预警机制，在面临自然灾害时才能迅速开展抢灾救灾行动，在灾后重建过程中才能提供更多的社会资源。因此，洪都拉斯将自然灾害管理纳入国家发展计划，以国家的全面发展来缓解贫困压力，增强国家的灾害应对能力。

（4）充分利用国际力量，助推防灾与减贫。发展中国家在面临贫困和自然灾害时，仅靠单个国家自身力量往往力不从心，因此借助国际力量的援助是有效的途径。洪都拉斯便是典型案例，其在联合国的帮助下制订了国家发展计划，并同其他国际组织签订了一系列关于提高防御自然灾害的能力的计划，以提高洪都拉斯抵御自然灾害的能力。

2. 对我国的启示

(1)重视农村基层扶贫救灾组织的运行和完善。我国土地面积广阔，约占亚洲陆地面积的 1/4，人口众多，达到 13.7 亿，其分布的不均衡为国家在发生自然灾害时的紧急救援措施的实施带来困难。而我国的农村基层扶贫救灾任务是由当地农村基层组织完成的，但乡、镇、村基层工作人员，是由当地村民通过村民会议选举出来的，大多数都未接受过灾害应对的专业培训，这使得我国的扶贫开发和灾害应对的运作机制在基层出现了薄弱环节，而这又是政策实施和连接农民的关键环节。因此，国家应该重视农村基层扶贫救灾组织的建立与完善，使其在运作的过程中更好地发挥作用。

(2)扶贫救灾的核心是生计问题。我国常见的自然灾害包括洪灾、旱灾、地震等。这些灾害一旦发生，对农业生产将带来严重的损失。因灾害和贫困的发生在区域上的高度重合，使得当地农民的生计问题受到了巨大的挑战。因此，扶贫救灾最迫切的问题是解决农民的生计问题。只有真正地解决了农民的生计问题，防灾减灾才能取得成效，扶贫开发才能不断推进。

(3)真正实现自我发展。发展是摆脱贫困和灾后恢复与发展的本质。在我国扶贫开发的新阶段，自然灾害严重地区的防灾抗灾能力不足这一矛盾亟待解决。而防灾抗灾能力的不足，又会导致许多生态环境脆弱区域经济社会发展更加滞后。因此，为摆脱贫困和灾后恢复，贫困地区必须实现自我发展。

(4)建立信息传递机制。在孟加拉国的灾害应对过程中，政府建立了一套基层需求评估体系，使得基层的需求信息能够迅速、完整地实现传递。在印度，银行设置的地区咨询委员会，一方面与村镇政府合作，统计受灾情况，使灾情得到传递；另一方面定期或不定期将赈灾情况进行公布，使政府的救灾信息可以传达给社会大众。这一经验值得借鉴，在贫困地区灾害应对中，不仅要切实了解每个地区的贫困和受灾情况、贫困群众各方面的需求，为政府制定相关政策、措施提供依据；更要将扶贫开发和灾害应对的具体状况向公众及时进行公布，使公众可以了解实际情况并发挥支持、监督作用。

(5)完善金融业在扶贫救灾中的措施。在我国过去的扶贫救灾工作中，金融业发挥了非常重要的作用。如我国的小额信贷和扶贫的结合，旨在通过金融服务为贫困农户或微型企业提供获得自我就业和自我发展的机会，促进其走向自我生存和发展的道路。在汶川地震后，我国银行业累计发放贷款5216.4亿元，新设机构56家，减免不良贷款44.9亿元，以此来支持灾后重建工作。然而我国的金融业在扶贫救灾方面也存在着不足。如：目前任何一家金融机构经营的扶贫贷款都是处于亏损状态，这将阻碍金融机构继续推行此项计划；农业巨灾保险制度仍未建立，使得农业灾害风险无法分担；金融业的危机意识薄弱，并未形成灾害的应急机制，均是在发生灾情后临时制定应对方案。因此，我国的金融业的各主体应积极面对现有的不足，不断完善金融机制，更好地发挥金融业在扶贫救灾中的重要作用。

二、发达国家案例与经验

(一)日本——防灾融入生活

日本厚生劳动省汇总的"2010年国民生活基础调查(概况)"显示，2009年的国民相对贫困率达16.0%，创下1985年开始公布贫困率以来的最高值。此次调查中，国民贫困线的收入额以2009年划定的年收入未满112万日元(约9.11万元人民币)为标准。日本是一个自然灾害较多，特别是地震多发的国家，台风、地震、火山喷发、山体滑坡、海啸等地质灾害频繁。据不完全统计，日本全国平均每天有4次地震，6级以上的地震每年也有1次。东京地区每年仅有感地震就有40～50次。2011年3月11日发生的9.0级大地震，截至2011年4月27日已确认造成14517人死亡、11432人失踪，日本经济遭受重创。日本作为自然灾害多发的发达国家，贫困发生原因主要为低收入阶层的非正规劳动者数量增加与高龄人群的扩大，自然灾害的发生对于贫困人口的差异化影响较弱，其在减贫和灾害风险管理相结合方面的经验优势不明显。而作为一个自然灾害频发的国家，日本长期以来形成了一套健全的灾害应对体系，各级政府、机构分工明确，国民普遍具有强烈的危机意识和应急知识，其防灾体系和机制尤其值得借鉴。

1. 常态化的防灾教育

日本对国民的防灾意识和防灾知识教育内容全面、形式多样。主要包括国民、机关事业团体及政府组织三个层面的防灾教育和训练，其中机关事业团体注重专业性，政府组织注重教育、训练和演习的综合性。(1)多样化的宣传教育媒体。日本对国民防灾知识的教育从小开始，其宣传教育手段多样，包括教材、电视、报刊、互联网、录像带、应对手册等多种媒体手段。(2)建设防灾教育基地。日本非常重视通过防灾训练基地的建设进行防灾教育。如京都市民防灾教育中心、阪神大地震重建纪念馆等教育基地。(3)以"防灾日"促防灾教育。每年9月1日是日本的"全国防灾日"，同时日本还设有"防灾周"、"防水月"、"防山崩周"、"危险品安全周"、"急救医疗周"、"防雪灾周"以及"防灾志愿活动日和活动周"等①。

2. 注重基层的防灾组织

日本防灾减灾体制的特点在于"重点规划，强化基层"。"重点规划"指根据地区经济规模和自然灾害发生的规律，确定重点防灾区域，重点规划预计将受到巨灾地区的防灾减灾对策。"强化基层"，一方面表示地方自治体是防灾减灾的主体，另一方面主要指地方自治提要注重提高社会减灾能力，强化自身能力建设，最终提高本地区应对自然灾害的水平。

自主防灾组织、消防团和灾害救助地区本部委员三者构成了基层灾害紧急应对组织体系，共同从事社区减灾活动。自主防灾组织是依据《灾害对策基本法》，依托社区自治组织——町内会、自治会组建，是非专业的防灾减灾志愿者团体。消防团是社区专业减灾志愿者团体，同时也是专业从事社区防灾减灾活动的重要团体。消防团成员都有自己的本职工作，自愿参加防灾救灾，不从地方政府领取报酬，有严格的组织纪律和指挥系统，平时从事防灾预防、安全警戒、普及防灾知识、保管与维修防灾器材，一旦发生灾情，立即出动救援②。

3. 严密的灾情监测和预警系统

日本针对各种常见灾害，以灾害危险度评估工作为基础，建立健全了一套以严密的灾情监测网络和完善的灾害预警系统为重点的灾害监测与预警机制，能够对地震、海啸、火山喷发以及恶劣天气灾害等提供准确、实时的信息。

日本气象厅开发了一套"气象服务计算机系统(COSMETS)"，采用

---

① 郑居焕，李耀庄. 日本防灾教育的成功经验与启示[J]. 基建优化，2007(4).
② 伍国春. 日本社区防灾减灾体制与应急能力建设模式[J]. 城市与减灾，2010(3).

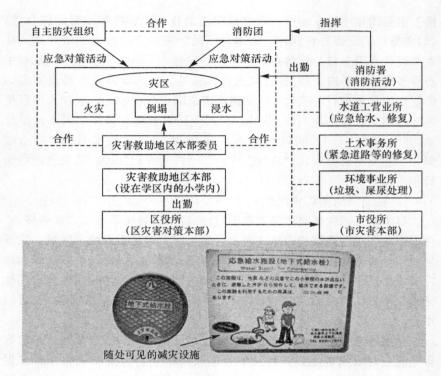

图 2-1

注：图示来源：伍国春. 日本社区防灾减灾体制与应急能力建设模式[J]. 城市与减灾，2010(03).

基于电话线的天体信息传输系统，用以收集观测数据并传播信息，后台有一套超级计算机系统进行数据分析处理并发布预报。在地震灾害预警方面，气象厅在全国建立 100 个观测点，使用包括自有的以及日本海岸警卫队和当地政府等组织安装的观测设备，对海啸进行 24 小时不间断观测。日本通过广播、电视、报刊、通信、信息网络、警报器、宣传车或组织人员逐户通知等方式进行预警信息的发布、调整和解除，对老、幼、病、残、孕等特殊人群以及学校等特殊场所和警报盲区则采取有针对性的公告方式①。

4. 强化灾害预防的法制化建设

为了使防灾减灾的各项措施得到落实，有效地减轻自然灾害的破

———————————

① 钟开斌. 日本灾害监测预警的做法与启示[J]. 行政管理改革，2011(5).

坏，日本政府很早就制定了相关法律和法规，以确保灾害措施的实施。如日本政府在遭受伊势湾台风巨大灾害后，于 1961 年制定了《灾害对策基本法》，共 10 章、117 条。包括防灾的组织、防灾计划、灾害预防、灾害应急对策、灾害恢复、财政金融措施、灾害紧急事态、责任追究等①。除此之外，灾害预防和救灾方面的法律法规还包括河流法、海岸法、防砂法、陡壁崩塌灾害防止等相关法，森林法、特殊土壤地带灾害防止以及振兴临时措施法、地质灾害警戒区地质灾害防止的推进等相关法律、活火山对策特别措施法、大雪地带对策特别措施法、地震防灾对策特别措施法、台风易发地带灾害防止等相关特别措施法、促进建筑物抗震加固等相关法、在密集地区建立防灾街区的促进相关法、气象业务法等②。

5. 地震保险降低因灾致贫风险

在长期应对重大灾害的实践中，日本构建起了完善的以地震灾害保险为主体的巨灾保险体系，有效地帮助政府和社会应对地震灾害。日本的地震保险分为两类：由个人投保的住宅与家庭财产地震保险和由企业投保的企业财产地震保险，后者由商业保险公司独立经营，与一般商业保险没有区别，前者则由政府直接参与，本书主要对前者进行借鉴。日本地震灾害保险体系有以下特点：(1)非强制，非盈利，由政府与各非寿险公司(经营非寿险业务的保险公司)共同经营。(2)形成了保险公司、再保险公司和政府共担风险责任的体系。再保险公司由各商业保险公司共同发起组建。(3)地震保险业务与家庭火灾保险业务"捆绑"在一起，保险金额一般是火灾保险总保额的 30％～50％。(4)覆盖与地震有关的多种灾害，包含来自地震、火山爆发、海啸、地震后的火灾等造成的损失。(5)理赔金额有上限。建筑物的保险金额最高上限为 5000 万日元，家庭财产的投保最高上限为 1000 万日元。(6)实行保险费率折扣体制，对抗震能力强和新的建筑物实现保险费率折扣，做到具体对象具体对待。(7)保险费率则根据建筑物的抗震、防震性能以及建设年代的差异等因素而确定。地震保险制度的建立和实施，为日本地震灾后重建、帮助灾民尽快恢复生活和生产活动发挥了积极作用，大大减轻了灾民在重

---

① 邹其嘉. 地震灾害预防工作必须加强[J]. 国际地震动态，1990(11).

② 金磊. 日本政府防灾行政管理及都市综合减灾规划[J]. 海淀走读大学学报，2005(1).

建过程中的经济负担，有效地降低了灾民因自然灾害陷入贫困的风险。

（二）美国——一体化救灾应急体系

美国几乎有着世界上所有的气候类型（地跨寒、温、热三带，本土处于温带），是一个自然灾害高发国家。所遭受的灾害主要包括洪水、风暴潮、海啸、地震、台风、膨胀土、滑坡等，其中以地震、飓风、洪水、陆地龙卷风、暴风、山林灾害和产业灾害最为频繁，且损失严重。在美国每年发生的包括飓风在内的热带风暴约 10 次，龙卷风每年约发生 1000 次；在洪水方面，由于美国每条河流的流域面积都很大，所以洪水发生的原因错综复杂；美国大部分人口居住在地震多发区，50 个州都易受到地震危害，其中 39 个州常受到中强地震的破坏与影响①

美国的自然灾害分布与贫困分布的区域特征有一定的相似性。以 1999 年为例，美国大约有 11.9％的贫困人口，其中，路易斯安那州、密西西比州和新墨西哥州的贫困率最高，贫困率分别为 6.8％、7.5％和 7.5％②。同时，密西西比河流域是龙卷风多发地、墨西哥湾和大西洋沿海一带是飓风多发带，贫困率较高的西部地区地震与火山遍布。根据美国合众国际社报道，南加州大学的苏珊·卡特（Susan Cutter）和凯文·伯顿（Kevin Borden）根据 1970 年以来的全美数据，绘制了"美国自然灾害死亡地图"，地图显示美国南部因为龙卷风等严重的灾害性气候为全美最危险的地方，其他高危地区有美国北部炎热干旱的大平原，而美国西部的山区因为冬季气候和洪水肆虐也极具危险性。自然灾害多发的南部地区，也是美国贫困最严重的地区。

随着经济发展和人口迁移，越来越多的美国人工作和生活在易灾地区。同时，灾害的发生与失业率大幅攀升并存的现象在美国南部等贫困地区普遍存在。这些都给美国的灾害应急管理带来了新的压力。为了能对自然灾害进行有效的管理与控制，美国的联邦、州和地方各级政府创设了一套灾害管理体制与政策体系，其中，一体化的灾害应急体系，在其应对灾害的过程中发挥了极为重要的作用，值得总结借鉴。

1. 美国一体化的自然灾害应急体系

（1）自下而上的应急体制。美国自然灾害应急管理体系由国家、州、

---

① 王秀娟. 国内外自然灾害管理体制比较研究[D]. 兰州：兰州大学资源环境学院，2008.

② 王永红. 美国贫困问题与扶贫机制[M]. 上海：上海人民出版社，2011.

郡三级管理体制组成，是由美国联邦应急管理署（FEMA）及其他联邦机构，50 个州政府应急部门或机构，8.7 万个县、市地方政府应急部门或机构来实现的。其应急机制的特点是：统一管理、属地为主、分级响应、标准运行。灾害应急管理由各级政府的应急管理部门统一调度协调。当灾害发生时，首先由灾害发生或可能发生地的政府开展灾害应急工作。当地方政府的权限和能力无法应对自然灾害时，由上一级政府接管灾害应急工作。如果灾害威胁大、影响广，可直接由高层组织机构启动应急行动。

表 2-1　美国应急管理体系历史演变沿革

年代	应急管理理念	应急管理特点	成立相关部门/颁发文件
1803—20 世纪初	专项管理	专案处理	专项法律
20 世纪 30—40 年代	系统化管理	民防与应急管理并存，建立综合性管理部门	国家应急管理委员会应急管理办公室
20 世纪 50—60 年代（"冷战"期间）	全面管理	返回以民防为主，强调准备体系的平战结合	《1950 年民防法》
20 世纪 70—80 年代	综合应急管理模式	提出综合应急管理范式（准备、应对、恢复和减灾）	国防民事整备署联邦应急管理署（FEMA）《减灾法案》《斯塔福德减灾和紧急援助法》
20 世纪 90 年代	可持续性发展模式	引入适应性团队、脆弱性等概念，扩展应急管理内涵	FEMA 重组与重新定位（减灾司）联邦相应计划（FRP）
21 世纪初至现在	强调国土安全	联邦及地方政府应急能力与资源重新配置，形成涵盖各类突发事件的应急管理体系，并配以综合性国家事故相应计划	国土安全部《国家事故管理系统》（NIMS）《国家相应计划》（NRP）《国家应对框架》（NRF）

资料来源：闪淳昌，周玲，方曼. 美国应急管理机制建设的发展过程及对我国的启示[J]. 中国行政管理，2010(8).

（2）以 FEMA 为核心的协调体系。美国负责协调联邦灾害援助工作的主要部门是国土安全部下属的应急管理署（FEMA），它由一系列的联邦部门合并组成，包括国家消防管理局（National Fire Prevention Control Administration）、联邦保险局（Federal Insurance Administration）、联邦广播系统（Federal Broadcast System）、防务民事准备局（Defense Civil Preparedness Agency）、联邦灾害援助局（Federal Disaster Assistance Administration）、联邦准备局（Federal Preparedness Agency）等，主要承担应急响应和灾后恢复协调工作，包括协调灾害预警系统、协调灾害应对的准备行动及规划、协调维护大坝安全、监督地震风险减除计划等。2005 年卡特里娜飓风后，FEMA 的核心协调职能得到了重新界定，在紧急状态下 FEMA 直接对总统负责，代表总统协调灾难救助事宜，具体包括协调州和地方政府、27 个联邦政府机构、美国红十字会和其他志愿者组织的应急响应和灾后恢复重建活动。

（3）以法律为依据的权责界定。美国一贯重视通过立法来界定政府机构的职责和权限。据统计，美国先后制定了上百部针对自然灾害和其他危机事件的法律法规，且经常根据情况变化进行修订。在重大灾害应急方面，美国已经形成了以联邦法、联邦条例、行政命令、规程和标准为主体的法律体系。1950 年制定了《灾害救助和紧急援助法》，1970 年颁布了综合性的灾害防治法规《灾害救助法》，1974 年新颁布了《灾害救济法》，1976 年通过了《全国紧急状态法》，1988 年发布了《斯塔福德减灾和紧急援助法》，1992 年出台并于 1999 年发布了第二版的《联邦响应计划》（Federal Response Framework，FRP）。2004 年正式颁布了《国家事故管理系统》和《国家响应计划》。《国家事故管理系统》规定了联邦、州、地方和部落各级政府对事故应急的统一标准和规范，《国家响应计划》根据《国家事故管理系统》提供的框架，提供一套应对国家级重大事故的完整的国家应急行动计划。两个文件分别于 2007 年 3 月与 2006 年 5 月进行了修订。2008 年 1 月 22 日，美国国土安全部在改进《国家响应计划》的基础上发布了《国家应对框架》（National Response Framework，NRP），将突发事件应对主体的覆盖范围从联邦政府各部门、各级地方政府扩大到了非政府组织、民营企业，并明确其作用与责任。

（4）以先进技术和足够储备为基础的物质支撑。美国政府灾害紧急救援管理中，普遍运用了先进的技术装备。在灾害检测、预警预报和跟踪方面较早地采用了地球气象卫星、资源卫星的遥感技术。同时，美国研发了一些与灾害应急管理相关的信息系统与管理系统，以及大量大型灾害模拟及分析软件，通过集群无线网、卫星通信等设施收集信息并加以观察分析。此外，美国政府有充裕的灾害救援资金预算，建立了充足的应急物资和医药用品储备，对救援资金实行分级管理，分级负担，各负其责，《美国联邦灾害紧急救援法案》对灾害救援资金和物资的保证做出了明确规定。

2. 灾害保障制度的反贫困功能

美国的灾害保障制度主要包括灾害救助和灾害保险两方面。《灾害救济法》是对社会提供重大灾害和紧急事件应对的首要手段，批准联邦给予受灾州紧急管理全过程的援助，包括准备阶段、反应阶段、恢复阶段、风险减缓阶段。FEMA 是事实灾害救助的主体之一，在救灾过程中主要提供个人救助和公共救助。公共援助主要是用于基础设施重建；个人援助主要用于受灾人群临时住房重建和受损住房维修。此外，灾民还可以选择个人低息贷款、中小生意援助计划等更多援助。通过灾害救助，有效地保障了受灾低收入人口的基本生活需求，如《灾害救济法》规定，灾害性失业补助的服务对象是因遭受主要自然灾害失业的人员，为他们提供适当救助。

同时，美国还通过建立灾害保险体系降低易灾区人口的风险，有效地保障了易灾区贫困人口的利益。根据影响范围及实施主体的不同，美国巨灾保险制度可分为联邦巨灾保险项目和州巨灾保险项目两种类型。如国家洪水保险计划、加州地震保险制度、佛罗里达州飓风灾害保险制度等，这些灾害保险制度，分担了灾区居民的灾害风险，使灾民在发生灾害后能够及时有效地得到相应的救助，迅速恢复生产生活，降低贫困发生的可能性。此外，美国联邦政府通过农业保险项目与自然灾害援助项目援助遭受农业灾害的农场主，《农作物保险法》明确规定农作物保险是农业灾害保障的主要形式。

（三）德国——志愿组织在灾后重建中积极发挥作用

根据欧盟制定的标准，达不到社会平均收入 60% 的人被定义为面临贫困威胁。以此计算，2009 年德国约有七分之一的国民生活在贫困线以下，月生活费低于 801 欧元/人。德国生活在贫困线以下的多为失业者和单亲家庭。数据显示，54% 的失业者和 40% 的单亲家庭面临贫困威胁。此外，德国东西部的差异也较明显，东部 6 个联邦州的贫困人口比例近 20%，西部则为 13%。德国虽然地处欧洲大陆，但也是一个自然灾害频发的国家，以水灾居多，暴雪、飓风等灾害也时有发生。在应对灾害和进行灾后重建工作方面，德国积累了丰富的经验，其中大规模接受过训练的志愿者参与灾后重建并发挥积极作用就是一大特色。

1. 队伍庞大

德国的救灾体系由消防、医疗、通讯、海事、救援、辅助及管理等部门组成。它由德国联邦政府统一领导，各职能部门分工负责，承担具体救援和工作任务的主要是志愿者。全国 8200 万人口中，有 180 万人是具有专业应急救援知识和技能的志愿者，占全国人口总数的 1/40。其中有 130 万名志愿者在消防部门承担着救火、救灾和救护任务；有 8 万名志愿者在联邦应急救援机构承担着技术救援任务；有近 50 万名专业志愿者在民间救援组织中随时听候政府调遣①。

2. 救援应急具有专业水平

德国应急救援力量主要由政府消防部门、联邦技术救援署下属的技术救援协会和五大志愿者组织三部分救援队伍构成。针对德国常发灾种，三支应急救援力量有着明确的分工。消防部门应急救援志愿者必须具备消防救援任务的专业知识和技能；技术救援小组所拥有的救援技术覆盖了各种灾种。五大志愿者救援组织通过协议与政府合作，在消防部门的协调下，分别根据自身的救援专长参与灾难救援。如德国水上救生协会的志愿者，不仅具有操作水上救生专业设备的技能，而且具有水上救生的专业知识和技能。

德国志愿者的专业救灾应急技能得益于德国联邦政府系统的志愿者培训。培训一般由社区志愿者组织站(点)负责组织，培训方式主要是由有经验队员进行传帮带。指挥培训和技术含量较高的业务培训是在政府开设的救援培训基地进行，主要培训内容包括高层指挥员协调能力培训、运行机制方面的培训，欧共体内部的合作联动知识培训，联合国应急工作研讨会、联合国国际救援后勤保障知识、英语，厨师培训、跨国沟通的技巧、安全保障、为新闻工作者提供免费救灾知识等方面的培训，以及专业技术(通信、水处理、交通、电力、定向爆破、装备仪器的操作与维护)培训等。此外，各志愿者组织还结合自身的特点开展培

---

① 昌业云. 德国专业化应急救援志愿者队伍建设经验借鉴[J]. 中国应急管理，2010 (8).

训，培训不仅包括技术内容，也有荣誉感、责任感的教育，如红十字会就分为急救医生、卫生员、急救卫生员、急救助理等多种岗位培训。

3. 志愿者队伍具有法律和权益保障

为了促进专业化应急救援志愿者队伍建设，德国制定了比较完备的法律体系。主要包括《德意志联邦共和国基本法》、《民事保护和灾难救援法》、各州制定的关于民事保护和灾难救援法律中的相关规定、《德国联邦技术救援志愿者法》以及各种单行法中的相关规定。最为重要的是，德国有专门调整政府与志愿者之间权利与义务关系的单行法——《德国联邦技术救援志愿者法》。这些法律明确了志愿者在应急救援中的权利和义务，吸引、激励德国公民踊跃加入应急救援志愿者队伍，积极参与应急救援工作。

同时，《德国联邦技术救援志愿者法》对于如何保障应急救援志愿者的合法权益有明确规定。一是依法保障应急救援志愿者的劳动关系及劳动报酬，促使企业支持员工加入应急救援志愿者队伍，积极参与应急救援。二是政府为志愿者购买义务保险，免除其后顾之忧。德国法律明确规定，为特定国家机构或者公益事业工作的志愿者享有立法者为其购买的法定义务保险。三是对志愿者参与应急救援所造成的损失，依法给予公力救济。

（四）发达国家的经验与启示

1. 建立和完善易灾区扶贫开发与灾害救助制度相结合的新机制

目前我国贫困地区的社会救助制度，其中部分政策体现了减贫与灾害救助的结合，如在社会救助中有专门的灾害救助，对象是突然遭受灾害侵袭的农户。早在 1950 年初期，国务院就提出了"生产自救，节约度荒，群众互助，以工代赈，并辅之以必要的救济"的救灾方针；1983年，救灾工作思路又充实为"依靠群众，依靠集体，生产自救，互助互济，辅之以国家必要的救济和扶持"，并强调群众自救与国家救济相结合；到了上世纪 90 年代初，为探索救灾管理机制，国家民政部还提出了救灾工作分级管理，救灾资金分级负担的理念。明确救灾工作的四级响应规程。救灾资金则由中央安排特大自然灾害补助费，加上地方予以配套投入的资金，每年在 20～40 亿元左右，其中，70％以上用在贫困地区。但随着自然灾害对贫困影响作用的增强，针对我国贫困地区和灾害高发区耦合性强的现状，需要进一步探索更好的扶贫制度与灾害救助制度结合的模式，如增加灾害救助额度，对于灾害易发的贫困地区，在建立灾害救助基金的基础上，将灾害基金与扶贫资金相结合，用于发展减灾产业等，将灾害救助阵线前移。

2. 加强和完善易灾区灾害保险体系

美国、日本及德国，都有比较完善的灾害保险制度，这大大降低了灾民的风险。在灾害多发区，贫困人口脆弱性高，抵御自然灾害能力弱，灾害保险体系建设是降低贫困人口灾害应对风险的重要途径。目前我国尚未建立起巨灾保险制度，利用保险手段分散巨灾风险的能力比较有限，社会捐助与民政救济远不能够满足灾后重建的大量资金需求。建立巨灾保险制度，能够最大程度地减少巨灾风险对社会经济生活的冲击。因此应抓紧建立我国的巨灾保险制度，当然针对易灾区贫困人口灾害保险制度的建设，应充分考虑其贫困的特殊性，在参保模式、投保额度、投保标的等方面要进行特殊化处理，以政府为主导，将灾害保险投入作为政府扶贫投资项目之一，探索贫困地区灾害保险发展模式。

3. 以非政府组织为载体，将减贫和灾害应对相结合

德国经验表明，在灾害应对中，非政府组织由于其在工作理念、方法等方面的优势，在灾害应对中发挥了积极作用。同时，它们在扶贫中也扮演着重要的角色，其中比较著名的有国际非政府组织有红十字会、牛津饥荒救济委员会、儿童救助会等。非政府组织具有正规性、独立性、非营利性、自治性、志愿性、公益性，它们在灾害应对和扶贫领域都有着突出的表现。同时，很多非政府组织在两个领域都有涉及，如红十字会，不仅在很多国家参与了灾害紧急应对，而且在扶贫开发中也发挥着重要的作用。充分发挥非政府组织在两个领域的独特优势，以此为载体，实现减贫和灾害应对的有机结合。

三、国际合作案例与经验

（一）多国联合救援——海地地震灾后重建与创造就业岗位相结合

2010年1月12日，海地发生里氏7.3级地震，随后又相继发生了规模为5.9级和5.5级的地震。据相关资料统计[①]，此次地震共造成海地2.4万多栋建筑被完全毁坏，有3.4万幢建筑严重受损，有6万多幢建筑受中等程度或实质性损坏，大约有130万灾民无家可归，经济损失

---

① 中国新闻网. 报告：海地震中受损建筑数量比原先估计高十倍[EB/OL]. http：// ww. chinanews. com/gj/gj-bm/news/2010/03-18/2176614. shtml.

约为 77.5 亿美元，超过了海地上一年国内生产总值的 120%。海地作为世界上最贫穷的国家之一，75% 的人生活在赤贫状态下，有超过七成的人口每天收入不到 2 美元；农业作为主要的经济部门，却有超过 1/4 的人因粮食供应不稳定而困扰；政府财政无源，有三至四成依靠外国援助，2008 年外债总额高达 18.85 亿美元[①]。强烈的地震使本已赤贫的海地经济面临崩溃：大量的政府外债，基础设施受损严重，七成以上企业没有投保，大部分居民在震前依靠贷款维持生活。如此艰巨而持久的震后重建工作，在没有海外援助的情况下很难实现。

1. 多国及国际组织对海地的援助

海地，作为西半球最贫穷和主要依靠国外援助生存的国家，在地震后面临着严峻的复苏问题。国际社会预计，海地的震后重建工作会持续 10～15 年，如此长时间的重建工作使海地面临资金危机与国际社会能否通力支持的双重考验。为使海地震后恢复重建尽早实施，国际社会和海地进行了多次协商。如 2010 年 1 月 25 日援助国在加拿大蒙特利尔市举行部长级会议，商议海地重建的路线图，并于同年 3 月 31 日在联合国纽约总部召开以"为了海地的新未来"为主题的国际捐助大会，决定在今后的 10 年内，向海地提供灾后重建资金 99 亿美元。6 月 2 日又再次召开海地重建国际会议，旨在评估海地重建进程、落实国际援助资金等，各国在此次峰会上承诺再向海地提供 68.15 亿美元的援助。

2. 震后援助与创造就业机会相结合

震后，联合国开发计划署提出为了帮助海地震后恢复经济运转和让民众有收入可以购买生活必需品，可为海地灾民提供一个现金支付方案。该方案通过雇佣海地的灾民从事清理废墟和修复基础设施等工作，为灾民创造就业机会，从而改善海地灾民在经济上的处境。据联合国开发计划署预计，仅这项方案就将直接为海地提供 22 万个岗位，使近 100 万人间接受益[②]。

农业是海地经济的命脉，在震后的一年时间里，粮农组织向海地人民实施了紧急粮食安全干预措施，向农民提供种子、肥料及农具。此项

---

① 百度.海地［EB/OL］. http://baike.baidu.com/view/22092.htm#6.
② 中国新闻网.联合国宣布海地灾后重建计划将创 22 万就业岗位［EB/OL］. http://www.chinanews.com/gj/gj-bm/news/2010/01-22/2085794.shtml.

措施为海地恢复农业生产，增加居民收入，提供粮食保障发挥了重要作用，直接使海地约 24 万家庭、100 万农民受益①。

（二）政府和企业之间合作案例——"思蜀援川"项目助推受灾贫困地区公共服务水平提升②

2008 年 5 · 12 四川汶川特大地震致使四川 39 个极重、重灾县中，有 2117 个贫困村严重受灾，399 个非贫困村因灾返贫，贫困农户达到 25.3 万户，贫困人口为 83.75 万人，贫困发生率由灾前的 20.67% 上升到 34.88%。在汶川灾后重建中，中国政府探索出多种救灾援助模式。其中，"思蜀援川"项目，作为政府产业合作模式在中国的首次成功实践，经过三年的努力，在灾后援建和改善当地教育和医疗状况方面取得了令人瞩目的成绩，成为跨国公司成功参与汶川灾后重建的典型案例。

1. "思蜀援川"项目简介

"思蜀援川"项目是美国思科公司与中国政府建立的灾后援建产业合作模式，投入资金总额超过 5000 万美元。项目通过多方协作为灾区建设面向 21 世纪的创新教育和医疗模式，以改善和提高灾区的教育和医疗卫生水平，并推动四川经济发展。在教育领域，思科注重四川灾区的中小学教育，重点是协同教育单位打造面向 21 世纪的学校和教育模式；在医疗卫生领域，为配合中国的"健康中国 2020"和"医疗卫生改革"，思科通过与四川省医疗系统合作，协助建立公共卫生信息资源数字共享平台，开发移动式疾病监控与医疗培训体系，构建基于电子健康档案的区域医疗卫生信息网络以及多中心的开放式远程医疗网络。

2. "思蜀援川"项目成果

项目实施后为汶川、绵竹、北川、什邡、平武、都江堰、茂县、彭州等 9 个极重灾区和松潘、崇州等部分重灾区县市的 102 所教育机构、66 所医疗卫生机构提供了现代化的信息基础设施。

在教育方面，思科利用其自身的技术优势，引入先进的教学理念以及优质的教学资源，创建了"21 世纪教育信息化"模式，共建成了 96 所 21 世纪网络学校、6 个区域教育数据与资源中心以及 1100 个互动多媒

① 南方周末.海地重建：亟待新思维［J/OL］. http：// www. infzm. com/content/41246，2010-02-03.

② 案例资料来源于：海霞."思蜀援川"：外企尽责，灾区受益［EB/OL］. http：// www. ceh. com. cn/ceh/shpd/2011/7/9/82162. shtml.

体教室①。这些措施提高了农村地区教育质量，解决了教师资源短缺问题，提升了区域整体的教育水平，促进了受灾贫困农村地区教育的发展。

在医疗方面，借助先进的信息通信手段，创建了 32 所智能数字化医院、4 个互联互通的区域卫生协作网络、1 个区域卫生信息化培训中心、6 个区域卫生数据中心和 3 辆移动医疗车②，形成了一个支持整个医疗卫生系统相互交流和资源共享的协同医疗模式，提升了边远贫困灾区卫生服务能力。

3."思蜀援川"项目的典型经验

(1)利用技术优势为贫困地区提供公共服务。在医疗方面，针对灾区，尤其是边远农村灾区医疗设施、医疗人员数量和业务水平均不能有效满足群众实际需求的情况，"思蜀援川"项目与合作伙伴共同探索并创建了可复制、可推广的区域卫生协作网络。借助先进的信息通信技术手段，为四川省创建了支持整个医疗卫生系统相互交流和资源共享的协同医疗模式。区域卫生数据中心和区域协同医疗卫生网络，让偏远地区的乡镇能够享受到上级医院的优质服务，为那些距离城市甚远的患者提供先进的医疗服务。此外，远程医疗网络采用了思科网真视频会议技术，让医生能够远程诊断和治疗患者，更及时地做出医疗决策，减少边远农村地区农户看病的差旅费用和医疗成本。同时，这一技术还帮助边远农村地区医护人员接受远程培训。该项目还为移动诊所(医疗车)配备了领先的医疗与通讯设备，支持在地震灾区提供医疗卫生上门服务，尤其是可将服务扩展到平时医疗服务难以到达的偏远地区。

在教育方面，"思蜀援川"项目通过"教育服务云"，为边远贫困地区引入了优质的教学资源及先进的教学理念。项目在省和县一级均部署了"教育服务云"，将各地学校及中央资源和服务相互连接起来，农村学校的学生可以通过参加网络虚拟课堂，接受城市高级教师的指导。远程教育中心的建立，使城市学校的优秀教师能够为农村学校进行远程互动授课。

---

① 人民网.思蜀援川项目启动 3 年创建灾区教育医疗新模式[EB/OL]. http：// society. people. com. cn/GB/14614283. html.

② 人民网.思蜀援川项目启动 3 年创建灾区教育医疗新模式[EB/OL]. http：// society. people. com. cn/GB/14614283. html.

（2）政企围绕目标密切合作的政府产业合作模式。四川省与思科携手在项目目标确定、援建对象甄选、实施工作推进、可持续发展机制建设中协同推进。如项目援建方案的设计原则包括与中央和地方政府的工作重点保持一致；满足基层和当地社区的需求，并能推广到更大的范围；惠及尽可能多的民众；发挥当地民众的主人翁意识和责任感，确保援建方案能长期使用和运行。当地政府对方案持续运行的积极承诺和主动意识是项目援建对象遴选的主要标准之一。项目实施过程中对地方政府及当地群众参与的重视程度可见一斑，缺乏地方政府的密切合作，难以想象该项目能取得良好的社会成效。

（三）国际非政府组织的参与——联合国粮农组织对 1983—1985 年非洲旱灾的援助

1983—1985 年，一场特大旱灾先后席卷西非、东非和南非地区。干旱使非洲北部至南部共 34 个国家遭受了不同程度旱灾，其中 24 个国家严重受灾，发生了饥荒，受到饥饿威胁的人口达 2 亿，约占非洲总人口的 40％，约 50 万人失去了生命，600 多万人因灾背井离乡，牲畜死亡达 1/3 以上[①]；持续的旱灾也使非洲的粮食产量迅速下降，各受灾国 1984 年的粮食产量在上年已减产的基础上又下降了近 50％[②]。据联合国粮农组织统计，在 1983—1984 年度，整个非洲的粮食短缺额比上年增加了 65％，达 530 万吨；而在 1984—1985 年度，非洲粮食短缺的总额上升到 765 万吨，增加了 44％[③]。

特大旱灾发生后，各受灾国政府纷纷采取各种应急措施抗旱救灾，并发动灾民抗灾自救。但由于旱灾持续时间长，灾情严重，许多受灾国家的政府制定和实施的救灾政策只能基本上延缓日益严重的饥饿问题，受灾国的很多灾民甚至把第二年的粮种作为食物用来果腹。因此，仅依靠单个受灾国家的政府和人民的努力来应对本国旱灾困难较大。在1983—1985 年非洲大旱灾期间，联合国粮农组织通过许多措施来应对整个非洲的灾害。

---

① 人民网.非洲遭遇 60 年不遇的重大旱灾[EB/OL]. http：// world. people. com. cn/GB/15269079. html；360 个人图书馆.不可不知的世界 5000 年：古今中外旱灾饥荒大盘点[EB/OL]；程永福.穿越生死线[M]. 乌鲁木齐：新疆人民出版社，2002：203.

② 程永福.穿越生死线[M]. 乌鲁木齐：新疆人民出版社，2002：207.

③ 张晓校，李朋.二十世纪大灾难纪实[M]. 哈尔滨：黑龙江人民出版社，1998：294，298.

第一，联合国粮农组织建立的食品和农业的全球信息和早期预警系统在非洲大旱灾中发挥了重要作用。该系统通过对全球主要谷物、食用油、乳制品、肉类、盐、木薯、豆类、饲料和肥料等的基本供应和需求的监控，从而试图对非粮食主产区的粮食供应作出贡献。在1983—1984年间，由这个监测系统获取的信息被联合国粮农组织用来预测南非的农作物种植情况，以支持当地的农业生产。

第二，在非洲大旱期间，联合国粮农组织每个月都报告非洲受灾国家的食品情况，并把报告译成粮农组织的5种官方语言分发给其他国家政府和非政府组织，以便这些国家政府和非政府组织了解灾区情况并提供援助。在1983—1984年间，粮农组织报告指出，非洲21国面临严重粮食供应问题，并紧急呼吁国际社会向非洲提供320万吨粮食援助，以及提供大量的药物、衣服和帐篷等。至1985年，国际社会向非洲提供的粮食达上千万吨，还有大量的救灾物品。这些援助对缓解当时非洲的大饥荒有着相当巨大的作用①。

第三，在对灾情的监测和评估的基础上，粮农组织就受灾国受灾情况召开国际会议，帮助受灾国解决灾难。1984年7月在津巴布韦首都哈拉雷召开的第三届联合国粮农组织非洲地区会议，对非洲食品和农业情况进行了广泛讨论。会议最后宣布了"关于非洲粮食危机的哈拉雷宣言"，并建立了食品安全行动程序，号召其他国家和国际组织为受到旱灾影响的国家提供食品援助，帮助这些受灾国家恢复农业和畜牧业。1984年11月，联合国粮农组织理事会在"哈拉雷宣言"的基础上制定了帮助非洲受灾国家恢复农业生产的详细行动准则。在这次会议中，粮农组织强调基础设施问题和小农生产模式是非洲恢复农业的关键问题所在。

第四，针对非洲普遍存在的小农户生产模式，联合国粮农组织制订了一个为期两年的耗资5百万美元的恢复非洲农业的行动计划，这个行动计划中包括向非洲提供专业的农技人员和顾问、组织农业培训课程、在播种和施肥等方面协助规划、开展农业生产示范区以及专业研讨会等，以帮助非洲受灾国尽快从灾害中恢复农业生产。

第五，联合国粮农组织扮演中间角色，通过核定非洲受灾国家的受灾程度来分配国际社会的捐赠资源，从而使援助最大程度地发挥效用。

---

① 田军，闾久贵. 大地的警钟[M]. 哈尔滨：黑龙江人民出版社，2006：85.

1985 年 1 月 30 日，针对在此次旱灾中受灾最严中的埃塞俄比亚，粮农组织在罗马召开了一次捐助者大会，制订了单独应对埃塞俄比亚的农业恢复计划。

第六，深入研究非洲的食品和农业问题，认为避免土地衰退、必要的粮食供应和可行的基础设施建设是非洲农业和经济可持续发展的关键因素。在此基础之上，联合国粮农组织提出了如何对受灾国和周边地区重新评定"农业生态区域"，并使用一套新的需求预测方案来考虑复杂的"农业生态区域"模式和地点的变化。

(四)国际合作的经验与启示

灾难是世界普遍存在的问题，它一直潜伏在我们身边。人们可以通过有效的手段预防灾难，但却不可能完全阻止灾难的发生。当灾难发生后，各国政府和人民以及跨国国际组织等协同合作、共同面对，对解决灾难给受灾人民带来的苦难有着深刻的意义。从海地地震、中国汶川大地震以及 1983—1985 年非洲大旱灾的国际救灾过程中，可以看到国际力量在抗灾救灾中发挥着巨大作用。

1. 国际合作的经验

(1)集国际力量帮助受灾的贫困国家走出贫困。在海地重建过程中，国际社会关注海地重建中的深层次发展问题，及时进行援助，成立海地重建临时委员会，发挥海地政府在海地重建工作中的主体作用，协调援助国与海地政府的政策与行动，国际社会向海地提供了源源不断的援助经费。这些让我们看到"建设一个新海地，一个比以往更好的海地"的希望。

(2)政企合作援助灾区的新模式。政企合作项目可能并不鲜见，但"思蜀援川"项目却是中国第一个成功实施的政企合作援助灾区的项目，并为全球其他国家在灾后恢复重建中提供了一种新救灾模式①。在整个项目为期三年的实施过程中，随处有着中国政府的鼎力协助和思科公司自身资源优势的影子。为促成项目顺利实施和保证项目实施成功，中国商务部、四川省人民政府、四川省商务厅、成都海关、四川省卫生厅、四川省教育厅以及各级地方政府都积极响应并调动起来，为"思蜀援川"项目做好协助、协调和服务工作；思科公司则利用其在全球领先的互联

---

① 思科. 思蜀援川项目简介［EB/OL］. http：// www. cisco. comwebaboutcitizenshipsocio-economicsspecialprogramsdocsSichuanAtAGlanceChinese. pdf.

网络解决方案和专业技能以及公司在这方面的资源优势，为灾区在卫生医疗和教育方面的重建与再发展提供支持。正是由于中国政府与思科公司资源互补、优势共享、充分信任以及良好沟通，才实现了"思蜀援川"项目的目标，为灾区打造了以信息通信技术为依托的面向 21 世纪的医疗和教育模式。这一目标的实现，给灾区当地社会经济的发展带来了深远影响和持久改变；同时也证明，"即使是在最艰难的环境中，企业、政府和其他组织也能积极地寻求创造性的方法，为社区作出重要的贡献"[1]。

（3）联合国粮农组织协调多国共同抗灾。作为跨国界的联合国重要机构，粮农组织有领导和组织各受灾国政府共同面对灾难的能力；作为联合国各成员国讨论粮食和农业问题的国际组织，粮农组织有号召世界其他国家援助灾区共同面临粮食问题的能力；此外，掌握粮农生产和贸易的情报、为发展中国家制定农业发展政策和战略、通过小额贷款和急需的技术援助等手段推动发展中国家农业技术合作等，使联合国粮农组织不仅从获取非洲旱灾和粮食生产及供应的基本信息、为非洲提供直接粮食援助、联合非洲受灾各国政府共同解决饥饿等上帮助非洲解决由 1982—1984 年旱灾引发的大饥荒；同时也利用非洲不具备的优秀专业人员和先进技术等优势，为非洲制定符合非洲实际情况的农业发展道路，并依据受灾程度的不同为受灾国提供资金等，这些措施给非洲恢复和发展农业生产提供了帮助。联合国粮农组织 1983—1985 年对非洲旱灾的援助，为国际力量应对多国或地区灾难提供了可借鉴的经验。

（4）世界是同一个家———一方有难八方支援。世界是同一个家，世界的和平稳定对其他国家的良好发展有着密切的关系。无论是其他国家、国际组织还是企业，当一国或地区发生灾难时，利用各自的优势向灾区伸出援助之手，这不仅是从人道援助方面对灾区提供帮助，解灾区人民于水深火热之中；同时也是维护世界的稳定与和平，为世界人民创造一个和平和谐的生活环境。

2. 国际合作救灾过程中对中国的启示

（1）加强与各国政府之间的合作。国际合作救灾过程表明，各国政府之间的相互沟通和信任是重要的。中国是安理会常任理事国之一，全

---

① 思科.思蜀援川第一年携手同心重建家园合作发展[EB/OL]. http://www.cisco.com/web/CN/aboutcisco/news_info/view_cisco/pdf/sichuan_0730.pdf.

球第二大经济体，经常会与其他国家一起处理国际事务，履行自己大国的责任；同时中国也是最大的发展中国家和外贸进出口大国，在同其他国家贸易过程中，需要维护自身的经济安全，创造符合本国经济发展的良好外部环境。因此，加强同其他国家政府之间的交流合作，深化与其他国家之间的认知，强化彼此之间的信任，不仅可以减少中国在处理国际事务中与其他国家之间的摩擦，也有利于创造符合自身经济发展的国际环境。

(2)扩展政企合作模式。依据政府对国家发展方向的规划，把公共私营部门合作方式作为实验区推广到其他省份，甚至是推广到其他行业，让更多的企业把自身的资源优势发挥到国家救灾中的民生和基础设施等的建设中，借助企业的力量促进灾后重建。

(3)加强政府执政能力建设。国际合作救灾过程表明，政府的执政能力对灾后的恢复重建工作具有重要作用。这不仅表现在海地以及非洲国家政府在应对自然灾害以及恢复重建的策略方式上，同时也表现在中国政府对"思蜀援川"项目中鼎力协助思科公司上。创建高效、廉洁、开放的政府，有助于吸引更多的企业参与到灾后重建中政府规划的国家发展项目中，并高效合理地利用这些企业的资源和技术等优势。

第三章　灾害紧急救援与扶贫开发的结合

一、自然灾害紧急救援概述

(一)自然灾害及其应对阶段的划分

自然灾害主要是以自然事件或力量为主因造成的生命伤亡和人类社会财产损失的事件①。自然灾害具有自然性(主要由自然因素造成)、突发性、社会性、破坏性等特征。中国自然灾害种类多，发生频率高，分布地域广，造成损失严重，地区差异性明显，是世界上自然灾害最严重的少数国家之一。20世纪90年代以来，自然灾害造成的经济损失呈明显上升趋势，已经成为影响中国经济发展和社会安定的重要因素②。进入21世纪以后，中国相继发生了2008年雨雪冰冻灾害、"5·12"汶川大地震、玉树地震、舟曲特大山洪泥石流灾害、西南地区旱灾等大型自然灾害，给经济社会发展造成了严重的影响。据统计，2010年中国各类自然灾害共造成4.3亿人次受灾，因灾死亡失踪7844人，紧急转移安置1858.4万人次；农作物受灾面积3742.6万公顷，其中绝收面积486.3万公顷；倒塌房屋273.3万间，损坏房屋670.1万间；因灾直接经济损失5339.9亿元③。从降低(消除)自然灾害造成的损失来看，自然灾害的应对过程可分为两个阶段，即自然灾害紧急救援阶段和灾后重建阶段。灾害紧急救援指自然灾害发生时或灾害发生后的较短时间内(如地震救援的黄金时间等)，通过各种方式方法尽最大努力抢救灾区群众生命和财产，将灾害损失降低到最低程度的救援过程；灾后重建是指灾害发生后灾区群众在政府及社会各界的援助和指导下，通过有计划的

---

① 黄崇福. 自然灾害基本定义的探讨[J]. 自然灾害学报，2009(4).
② 余姚市气象网. 中国自然灾害的基本情况[EB/OL]. http：//www.qx.yy.gov.cn/.
③ 国家民政部等. 民政部等联合发布2010年全国自然灾害损失情况[J]. 工商行政管理，2011(3).

投资建设，逐步恢复正常生产生活秩序的过程。对人类社会造成特别重大影响和损失的自然灾害(如汶川特大地震)也可以区分为紧急救援、临时安置、灾后重建等三个阶段。

专栏 3-1

近几年中国发生的重大自然灾害简介

南方低温雨雪冰冻灾害：2008 年 1 月 10 日至 2 月 2 日，持续性的低温、雨雪、冰冻等极端天气接连 4 次袭击我国南方大部分地区。雨雪天气迅速波及全国 22 个省(区、市)，范围覆盖大半个中国，仅湖南、贵州、江西等几个重点受灾省的受灾面积就达上百万平方千米；贵州湖南的一些输电线路覆冰厚度达 30 毫米至 60 毫米；江淮等地出现了 30 厘米～50 厘米的积雪。灾害影响范围、强度、持续时间，总体上达到 50 年一遇，其中贵州、湖南等地属于百年一遇。大范围、长时间的低温雨雪冰冻灾害导致南方部分地区的电网遭受了历史上最严重的覆冰灾害。近 6000 条输电线路停运，并多次发生断线、倒塔事故；严重的路面结冰现象和输电故障，致使京广铁路、京珠高速公路等交通大动脉运输受阻，民航机场被迫封闭；而当时适值春运，外出务工的农民大量返乡，人流拥堵与断路、断电事故叠加出现；一些城市的供水管线被冻裂，通讯不畅，社会公众的生活必需品一度出现匮乏；农作物和林木遭遇严重冻害。据统计，低温雨雪冰冻灾害造成 132 人遇难，4 人失踪；紧急转移安置 166 万人；农作物受灾面积 1.78 亿亩，其中绝收面积 2536 万亩，因灾直接经济损失 1516.5 亿元。其中，湖南、湖北、贵州、广西、江西、安徽、浙江、四川等省(区)受灾最为严重。

汶川大地震：2008 年 5 月 12 日，四川省发生了里氏 8.0 级的汶川大地震。汶川地震是新中国成立以来破坏性最强、波及范围最大的一次地震。汶川地震波及四川、甘肃、陕西、重庆、云南等 10 省(区、市)的 417 个县(市、区)，总面积约 50 万平方千米。汶川大地震造成了大量人员伤亡和财产损失。截至 2008 年 8 月 25 日，汶川大地震造成 69226 人死亡，受伤 374643 人，失踪 17923 人；造成 796 万多房屋倒塌，2448 万多间房屋损坏，紧急转移安置 1510.6 万人，造成直接经济损失高达 8451 亿元人民币。为表达全国各族人民对四川汶川大地震遇难同胞的深切哀悼，国务院决定 2008 年 5 月 19 日至 21 日为全国哀悼日。在此期间，全国各个驻外机构下半旗致哀，停止公共娱乐活动，外交部和中国驻外使领馆设立吊唁簿。同时国务院决定每年 5 月 12 日为全国防灾减灾日。

玉树地震：2010 年 4 月 14 日，青海省玉树地区发生 7.1 级强烈地震，人民群众生命财产遭受严重损失。玉树地震波及青海、四川省的 7 县 27 个乡镇，受灾面积 35862 平方千米，受灾人口 246842 人。截至 2010 年 5 月 30 日，遇难 2698 人，失踪 270 人。居民住房大量倒塌，学校医院等公共服务设施严重损毁，部分公路沉陷、桥涵坍塌，供电供水、通信设施遭受破坏。农牧业生产设施受损，牲畜大量死亡，商贸、旅游、金融、加工企业损失严重。山体滑坡崩塌，生态环境受到严重威胁。

舟曲特大山洪泥石流：2010 年 8 月 8 日，甘肃省舟曲发生了特大山洪泥石流灾害，造成了惨重的人员和财产损失。截至 2010 年 10 月 11 日，舟曲特大山洪泥石流灾害共造成 1501 人遇难，264 人失踪，被认为是新中国成立以来最为严重的山洪泥石流灾害。

西南五省旱灾：2009 年秋季以来，我国西南地区降雨少、来水少、蓄水少、气温高、蒸发大、墒情差，致使广西、重庆、四川、贵州、云南 5 省（自治区、直辖市）遭受旱灾。其中云南、贵州、广西等省（自治区）降水较常年同期偏少 5 成以上，部分地区降雨偏少七至九成，主要河流来水为历史最少，水库蓄水较常年同期偏少二成以上，土壤含水量普遍仅 20% 左右，旱情极为严重。截至 2010 年 3 月 17 日统计，西南五省地区共 5104.9 万人受灾，饮水困难人口 1609 万人，饮水困难大牲畜 1105.5 万头；农作物受灾面积 4348.6 千公顷，其中绝收面积 940.2 千公顷；因灾直接经济损失 190.2 亿元。

资料来源：根据《汶川地震灾后恢复重建总体规划》、《玉树地震灾后恢复重建总体规划》及民政部网站、新华网等媒体报道整理。

（二）紧急救援的主要任务

现代意义上的灾害救援起源于欧洲的山地救援。直到 1945 年，世界上才开始形成使用现代化搜救、救援装备并接受专门训练的救援组织。救援力量经历了以军队、消防等部门为主向以职业救援队伍为主的演变过程①。灾害紧急救援的主要目的在于，在灾害发生时或者发生后的较短时间内，通过紧急抢救措施将灾害损失降低到最低程度。根据《中华人民共和国突发事件应对法》第四十九条规定，政府在紧急救援过程中履行统一领导职责，其主要任务(措施)有："(1)组织营救和救治受害人员，疏散、撤离并妥善安置受到威胁的人员；(2)迅速控制危险源，标明危险区域，封锁危险场所，划定警戒区，实施交通管制；(3)立即抢修被损坏的交通、通信、供水、排水、供电、供气、供热等公共设施，向受到危害的人员提供避难场所和生活必需品，实施医疗救护和卫生防疫；(4)禁止或者限制使用有关设备、设施，关闭或者限制使用有关场所，中止人员密集的活动或者可能导致危害扩大的生产经营活动；(5)保障食品、饮用水、燃料等基本生活必需品的供应；(6)采取防止发生次生、衍生事件的必要措施。"②

（三）紧急救援的基本特征

在进行自然灾害紧急救援活动中，灾害的突发性、演变性等会使得紧急救援过程中可能出现各种意想不到的情况。紧急救援具有以下特征：(1)紧急性。由于自然灾害的发生和演变都难以准确预测，灾害造成的损失也可能会随着灾害的演变而变大。灾害发生后，越早将人群、财产转移出危险区域，越能避免灾害损失的扩大。例如，在地震灾害中人员抢救的最佳时间在 72 小时之内，错过这段救援黄金时间抢救出来的人员存活率就大大降低；(2)危险性。大部分自然灾害发生后，往往会有一系列的次生灾害发生，如地震灾害容易引发山体滑坡、崩塌、泥石流、堰塞湖等次生灾害，而余震不断也容易引起楼房倒塌等危险。因此大多数紧急救援具有危险性，需要专业救援人员使用专门设备实施援救；(3)无序性。自然灾害特别是特大自然灾害发生后，紧急救援力量除了军队、专业救援队的救援外，还有受害者的亲友以及灾区外其他组织。救援力量类型多，时间紧迫，现场往往缺乏管理，容易出现无序状态。例如 2008 年汶川地震发生后，除了军队、专业救援人员外，各地支援力量和相关组织纷纷奔赴灾区参与救援，救援资源多，但救援效率并没有提高。

---

① 顾建华等. 紧急救援有关问题的探讨与思考[J]. 国际地震动态，2003(3).

② 中国中央人民政府. 中华人民共和国突发事件应对法[EB/OL]. http://www.gov.cn/ziliao/flfg/2007-08/30/content_732593.htm.

二、紧急救援阶段对贫困问题的快速评估

(一)自然灾害的损失及其评估

自然灾害是发生在社会中的自然事件。自然灾害的社会属性决定了自然灾害同时是社会事件，对人类社会生活造成了影响。这种影响主要是负面的影响，如人员伤亡和财产损失等。赵阿兴等(1993)将自然灾害损失划分为人员伤亡损失、经济财产损失和灾害救援损失三类。人员伤亡损失包括直接伤亡损失和伤残人员的医疗、保险、社会福利、生活救济等；经济财产损失包括直接经济损失和间接经济损失；灾害救援损失包括救灾投入、灾区生产力恢复期的减产损失等①。自然灾害评估指通过资料收集和分析方法，对自然灾害的损失进行估算、测算。自然灾害评估能够为制定防灾、紧急救援以及灾后重建方案提供重要依据。根据灾害的自然过程，自然灾害评估可分为灾前评估、灾期评估和灾后评估等三种类型。灾期评估主要根据灾害发展情况和灾区承灾能力，对已经发生的灾害损失和可能继续遭受的损失进行评估②。曲国胜等(1996)认为，按照灾害发生与救助过程，自然灾害研究包含自然灾害评估与自然灾害救助两方面内容。自然灾害评估涉及灾害影响评价、灾害预评估、灾害应急评估与灾情评定四部分，它们贯穿了由历史评估到灾后损失确定的全过程；自然灾害救助涉及应急救助、救援预案、救灾基金、社会重建四部分，它们贯穿了由灾害应对到恢复的全过程③。

(二)自然灾害中对贫困问题快速评估的必要性

自然灾害中贫困问题的快速评估主要是根据自然灾害对贫困群体的影响来建立的自然灾害评估体系。例如人员伤亡的统计上单独列出贫困人口伤亡情况等。开展自然灾害中贫困问题的快速评估既是扶贫开发的需要，也是提高灾害应对水平的必然要求。

灾害与贫困相伴而生，二者具有紧密联系。贫困地区大多数分布在自然条件差、生态环境脆弱区域。由于生态脆弱性高，防灾、备灾、减灾能力弱，贫困地区自然灾害频繁，因灾致贫返贫严重，且在灾害后更

---

① 赵阿兴，马宗晋. 自然灾害损失评估指标体系研究[J]. 自然灾害学报，1993(3).

② 《灾害学》编辑部. 自然灾害评估[J]. 灾害学，1995(3).

③ 曲国胜，高庆华，杨华庭. 我国自然灾害评估中亟待解决的问题[J]. 地学前缘，1996(2).

难恢复，导致贫困程度进一步加深。贫困人口缺乏就业技能、环境保护意识淡薄，在人口压力及改善生活条件主观意愿的驱动下，他们可能对自然资源过度开发，从而导致生态环境更加脆弱，自然灾害越发频繁，逐渐陷入越贫越灾、越灾越贫的恶性循环。调查研究也表明，贫困与灾害发生具有高度契合性①，且呈正相关关系②。改革开放后，中国贫困人口大规模减少，农村贫困问题得到有效缓解。随着贫困人口的减少，剩余贫困人口主要集中分布在自然条件差、生态环境脆弱的山区。从自然灾害发生的角度来看，这些地区生态环境脆弱，孕灾因素复杂，极易发生自然灾害。防灾减灾与扶贫开发相结合，既是减贫工作的内在要求，也是自然灾害综合管理的重要内容。自然灾害中对贫困问题的快速评估则是防灾减灾与扶贫开发相结合的重要举措。

农村贫困人口生计资本匮乏，自然灾害应对能力低。在自然灾害中，贫困人口由于化解风险或危机的能力弱，如果没有得到外界的帮助很难恢复到以前的生活水平。他们是受灾群众中的弱势群体。自然灾害对贫困群体生产生活的影响要更深、更远。在自然灾害中对贫困问题进行快速评估可以及时了解自然灾害给贫困人口造成了哪些损失和影响，并根据评估结果采取有效措施，减少灾害给贫困人口造成的损失及后续影响。

一般的自然灾害评估是以整个受灾群体为对象来建立评估体系的。由于贫困人口常常处于边缘化状态，贫困人口的特殊困难和特殊灾情在一般评估中常常被忽视。专门开展自然灾害的贫困影响评估，能够较全面地掌握自然灾害对贫困问题及贫困群体的影响，这样既丰富了自然灾害评估深度和范围，也有利于增强今后贫困地区及贫困群体应对自然灾害的能力。

(三)贫困问题快速评估的内容

按照国务院扶贫办制定的《贫困地区自然灾害快速评估办法》，紧急救援阶段对贫困问题的快速评估包括受灾区域、受灾人数、受损房屋、受损基础设施、产业受灾、受损扶贫开发项目等六个方面内容③。

---

① 庄天慧，张军. 民族地区扶贫开发研究——基于致贫因子与孕灾环境契合的视角[J]. 农业经济问题，2012(8).

② 王国敏. 农业自然灾害与农村贫困问题研究[J]. 经济学家，2005(3).

③ 见 2012 年国务院扶贫办内部资料《贫困地区自然灾害快速评估方法》。

1. 受灾区域

(1)受灾范围：以县为单元统计受灾县名称和数量。

(2)受灾贫困村：受灾的贫困村名称和数量。

2. 受灾人数

(1)受灾人口数量：因自然灾害遭受损失的人数。

(2)受灾贫困人口数量：因自然灾害遭受损失的贫困人口数量。

(3)贫困人口死亡数量：因自然灾害直接导致死亡的贫困人口数量。

(4)贫困人口失踪数量：因自然灾害直接导致下落不明的贫困人口数量。

(5)贫困人口受伤数量：因自然灾害直接导致受伤或引发疾病的贫困人口数量。

(6)劳动力减少数量：因自然灾害直接导致劳动力减少的数量。

3. 房屋受损情况

(1)倒塌房屋间数：因自然灾害导致房屋整体结构塌落或承重构件多数倾倒或严重损坏，必须进行重建的房屋数量。

(2)受损房屋间数：因自然灾害导致房屋部分承重构件出现损坏、或非承重构件出现明显裂缝、或附属构件破坏，必须进行修复的房屋数量。

(3)贫困人口房屋倒塌户数：因自然灾害出现房屋倒塌的贫困户的数量。

(4)贫困人口房屋倒塌间数：贫困户因自然灾害倒塌的房屋间数。

(5)贫困人口房屋受损户数：因自然灾害出现房屋受损的贫困户的数量。

(6)贫困人口房屋受损间数：贫困户因自然灾害受损的房屋间数。

4. 农村基础设施受损情况

(1)农业生产性基础设施受损数量：因自然灾害导致的水库、提灌站、水渠等农田水利设施损毁、损坏数量；

(2)农村生活性基础设施受损数量：因自然灾害导致的水、电、路、气、房等方面生活性基础设施损毁、损坏数量；

(3)农村社会发展基础设施受损数量：因自然灾害导致的教育、卫生、文化等方面基础设施损毁、损坏的数量。

5. 产业受灾情况

(1)贫困户农作物受灾面积：贫困户因自然灾害导致农作物产量比

常年减少一成及以上的农作物播种面积。

（2）贫困户农作物绝收面积：贫困户因自然灾害导致农作物产量比常年减少三成及以上的农作物播种面积。

（3）贫困户死亡大牲畜数量：贫困户因自然灾害导致的大牲畜死亡的数量。

（4）贫困户饮水困难大牲畜数量：贫困户因自然灾害导致的饮水困难的大牲畜数量。

（5）贫困户农业机械受灾数量：贫困户因自然灾害导致的农业机械受损数量。

（8）贫困户渔业受灾面积：从事养殖的贫困户因自然灾害导致的渔业受灾面积。

（7）贫困村林业受灾面积：贫困村因自然灾害导致的林业资源受灾面积。

6．扶贫开发项目受损情况

（1）受损扶贫开发项目内容：以贫困村为单元，统计受灾的扶贫开发项目名称，并说明项目的内容。

（2）受损扶贫开发项目价值：扶贫开发项目因灾损失价值。

（四）贫困问题快速评估的方法

国务院扶贫办《贫困地区自然灾害快速评估办法》提出的贫困问题快速评估方法主要有报表法、现场调查法、历史相关法等①。

1．报表法

根据自然灾害贫困问题快速评估指标（内容），制定《贫困人口灾情调查表》。自然灾害发生后，自下而上填报、汇总《贫困人口灾情调查表》。统计受灾贫困县及受灾贫困村数量、贫困人口伤亡数量、贫困户房屋倒塌及受损情况、贫困村基础设施受损情况、扶贫产业受灾情况以及扶贫开发项目损失情况等。

2．现场调查法

根据上报灾情统计信息，将受灾地区分为极重灾区、重灾区、一般灾区三类，对每个类别地区派出调查组开展现场调查，通过灾情座谈会、现场问卷调查及入户访谈等方式掌握贫困人口受灾真实情况，进行代表性评估，提供针对性救助建议。

---

① 见 2012 年国务院扶贫办内部资料《贫困地区自然灾害快速评估方法》。

3. 历史相关法

在紧急救援阶段开展自然灾害贫困问题评估时，可以查阅往年自然灾害案例，选择相同灾害种类、相近地区、相似受灾程度的案例，进行相关性分析，对比评估灾害损失，并对这类案例的应对经验进行总结，提出有效应对建议。

实际操作中，可以根据灾情和评估的目的、目标，采取以上的一种方法，也可以综合运用多种方法，形成相互支撑的综合评估结论，提高灾害评估的科学性和准确性。

（五）贫困问题快速评估结果的使用

紧急救援阶段对贫困问题快速评估的结果通常以报告形势呈现出来，报告的内容主要包括：(1)自然灾害发生的时间和灾害种类；(2)致灾因子强度、灾害特点；(3)灾害评估过程；(4)贫困地区灾害救助需求；(5)救灾工作措施和进展；(6)评估结论和建议[①]。快速评估结果主要用于以下方面：

第一，用于向社会公布自然灾害中贫困群体受灾情况及灾害救助需求。这有助于提高全社会对贫困群体的关注度，让灾区贫困群体得到及时救援和帮助，达到有效减少其灾害损失目的，缓解贫困群体处于社会关注和社会援助边缘的不利局面。

第二，用作紧急救援过程中调集救援资源以及对贫困问题进行干预的依据。自然灾害特别是重大自然灾害发生后，大量救援组织和资源进入灾区，但媒体和公众往往以人口密集区、城市为关注焦点，大量救援组织和资源因而涌入人口密集区和城区，地域相对偏僻、人口比较稀少的贫困地区能够得到的救援资源相对较少。贫困问题快速评估结果可以作为紧急救援阶段实施贫困问题干预措施的重要依据，有助于推动援助组织的合理分流及救援物资的合理分配、调运，不仅能够使脆弱人群得到急需的救助，而且能降低自然灾害给他们带来的整体损失和减少因灾致贫风险。

第三，用作灾后重建规划制定与实施的重要参考。紧急救援阶段对贫困问题快速评估的结果可以用于灾后重建规划及其实施的参考，使灾后重建规划和灾后重建资源分配、项目选择等有利于贫困人口的生计恢复与发展。

[①]　见 2012 年国务院扶贫办内部资料《贫困地区自然灾害快速评估方法》。

第四，为类似情况下的贫困问题快速评估提供参考。今后若有先进地区发生自然灾害，或其他地区发生相同类型或相似受灾程度的自然灾害，可以根据已有贫困问题快速评估结果进行相关性分析，对比评估灾害损失，提出有效应对建议。

三、紧急救援阶段对贫困问题的直接干预

自然灾害特别是重大、突发性自然灾害发生后，受灾地区容易出现混乱失序局面，人与人之间的贫富差别仿佛不再重要，在灾害面前人人平等。但实际上，贫困群体在灾害发生后面临的危机和困难要比一般人群大得多。他们的房屋更不牢靠，使得他们面临着更大的生命威胁；他们居住在更加偏远的地方，交通更加不便，使他们接受外部援助更难、更慢。紧急救援阶段的贫困问题快速评估的主要目的之一就是快速识别出受灾中的贫困人群及其需求，进而对贫困问题进行直接干预，减少因灾致贫返贫风险，帮助贫困人口恢复正常生产生活秩序。这种对贫困问题的直接干预是紧急救援与扶贫开发相结合的基本着力点，其具体内容主要包括保障贫困人口基本生活、减少贫困人口经济损失和开辟贫困人口应急增收渠道等。

（一）保障贫困人口的基本生活

贫困人口的生活在非灾害时期就处于较低水平，需要国家和社会的帮扶。遇到汶川地震这种重大自然灾害，很多贫困农户本来就不多的生产生活资料损失殆尽，甚至一夜间陷入无住房、无生产资料、无收入来源的赤贫状态，生存受到严重威胁。紧急救援阶段，要根据贫困问题快速评估结果，对因灾生活困难的群众实施临时生活救助，保障其基本生活。《国家自然灾害救助应急预案》在第七部分"灾后救助与恢复重建"中对自然灾害发生后保障灾区人群（特别是贫困人口）的基本生活做了如下规定："重大和特别重大灾害发生后，国家减灾委办公室组织有关部门、专家及灾区民政部门评估灾区过渡性生活救助需求情况。财政部、民政部及时拨付过渡性生活救助资金，并由民政部指导灾区人民政府做好过渡性救助的人员核定、资金发放等工作。在过渡性救助过程中，民政部、财政部监督检查灾区过渡性生活救助政策和措施的落实，定期通报灾区救助工作情况，过渡性生活救助工作结束后要组织人员进行绩

效评估。"①保障贫困人口基本生活的主要措施有为困难群众发放生活补助、为受灾群众提供救灾帐篷等住宿条件以及为灾区群众提供医疗卫生救助等。

1. 为贫困人口发放生活补助

贫困群众生产生活资料本来就十分有限。灾害造成贫困群众财产受损，使其生活资料更加匮乏，正常生活面临困难。为保障贫困群众基本生活，需要对其发放生活补助。一般而言，贫困群众生活补助分为实物（粮食、饮用水等日常生活用品）补助和资金补助，两种补助同时发放。例如2010年玉树地震发生后，国家对因灾造成无房可住、无生产资料、无收入来源的重灾民提供每人每天10元的补助金和一斤成品粮的生活补助。补助款物在地震后10天之内开始发放，为期三个月②。

2. 为受灾贫困人口提供救灾帐篷，保障贫困群众居住

有房可居是正常生活的必须条件。贫困群众由于缺乏资金，修建的房子质量相对较差。自然灾害发生后，在相同的破坏力下，贫困农户房屋受损往往更为严重。因此，为贫困受灾群众提供救灾帐篷或者应急帐篷是保障其基本生活的重要措施。

专栏 3-2

2010年2月至3月，受较强冷空气影响，新疆伊犁、塔城、阿勒泰、昌吉、博州以及巴州、和田等地连续遭受暴雨、雪灾、泥石流、融雪型洪水和强沙尘暴灾害。截至3月21日统计，灾害已造成全疆130.5万人受灾，因灾死亡13人，失踪2人，紧急转移安置18.4万人，倒塌房屋4.1万间，损坏房屋16.7万间，因灾直接经济损失12.7亿元。民政部高度重视新疆融雪型洪水等灾害的救助工作。3月6日，国家减灾委、民政部针对新疆灾情启动国家四级救灾应急响应，派出工作组赴灾区检查指导工作。3月21日，民政部紧急向新疆调运8000顶救灾专用棉帐篷、2万件棉大衣、2万床棉被，帮助灾区紧急安置受灾群众。

资料来源：《民政部向新疆灾区紧急调运8000顶救灾帐篷》，人民网（http：//politics. people. com. cn/GB/11185986. html）。

---

① 中国中央人民政府.国家自然灾害救助应急预案[EB/OL]. http：//www. gov. cn/yjgl/2011-11/01/content_1983551. htm.

② 中国新闻网.玉树地震困难群众补助将于十天内兑现[EB/OL]. http：//www. chinanews. com/gn/news/2010/04-29/2253237. shtml.

3. 为贫困人口提供医疗卫生救助

自然灾害发生后，容易造成人员伤亡。对因灾伤残人员进行必要的治疗救助是保障贫困人口基本生活的重要措施。在重大自然灾害中，医疗卫生救助援助体系一般分为医疗卫生救援领导小组、专家组、医疗卫生救援机构以及现场医疗卫生救援指挥部等部分。现场医疗卫生救助分为现场抢救、转送伤员等环节。在自然灾害发生后，有关卫生行政部门还要根据情况组织疾病预防控制和卫生监督等有关专业机构和人员，开展卫生学调查和评价、卫生执法监督，采取有效的预防控制措施，防止各类突发公共事件造成的次生或衍生突发公共卫生事件的发生，确保大灾之后无大疫①。

专栏 3-3

关于对汶川地震灾区困难群众实施临时生活救助有关问题的通知

四川、陕西、甘肃、重庆、云南省（市）民政厅、财政厅、粮食局：

为妥善解决汶川地震灾区困难群众的基本生活保障问题，根据国务院决定，对因灾生活困难的群众实施临时生活救助。现就有关问题通知如下：

一、临时生活救助包括补助金和救济粮。救助对象为因灾无房可住、无生产资料和无收入来源的困难群众。补助标准为每人每天 10 元补助金和 1 斤成品粮，补助期限三个月。

因灾造成的"三孤"（孤儿、孤老、孤残）人员补助标准为每人每月 600 元，受灾的原"三孤"人员补足到每人每月 600 元，补助期限三个月。

二、发放补助所需资金，由中央财政专项安排；救济粮由中央从中央储备原粮中无偿划拨给省级人民政府，省级人民政府统一负责原粮的出库、调运和将原粮加工成成品粮，免费提供给救助对象。

三、补助金由民政部门直接发放给救助对象，实行按月发放。救济粮的出库、调运、加工和发放由粮食部门会同民政部门办理。

四、灾区各级民政、财政、粮食部门要以高度负责的态度，克服

---

① 中国中央人民政府. 国家突发公共事件医疗卫生救援应急预案［EB/OL］. http：//www. gov. cn/yjgl/2006-02/26/content_211628. htm.

困难，密切配合，准确把握救助政策，抓紧实施。要立即组织力量，深入灾区核查灾情，审核确定救助对象，并登记造册，张榜公布，接受群众监督，做到不漏不重。省级民政、财政部门要尽快将审核确定的分县（区）救助对象人数上报民政部、财政部。

五、灾区各级民政、财政、粮食部门要切实加强因灾生活困难群众补助金、救济粮的发放管理，专账核算，专款专用，严禁挤占挪用和虚报冒领，一旦发现违纪违规行为，要依法予以惩处。

六、灾区各级民政、财政、粮食部门要根据本通知精神，制定本地区实施方案，及时、足额地将补助金、救济粮发放到救助对象手中。

民政部　财政部　国家粮食局

二〇〇八年五月二十日

资料来源：国家民政部门户网站（http：// www.mca.gov.cn/ article/zwgk/tzl/200805/20080500014887.shtml）。

（二）减少贫困人口的经济损失

贫困人口收入水平低，收入渠道单一且不稳定，自然灾害特别是重大自然灾害给贫困人口财产造成巨大冲击，因此，紧急救援阶段，减少贫困人口经济损失是对贫困问题进行直接干预的重要内容。

首先是做好紧急减灾避灾工作，尽量减少自然灾害造成的经济损失。各类自然灾害的冲击不尽相同，针对灾害采取的具体应对措施也各不相同。如洪水灾害措施方面，2010 年 6 月 19 日国务院总理温家宝在广西梧州市就当时及其后一个时期的防汛抗洪救灾工作指出：面对洪涝灾害，国家防总和有关部门，各受灾地区党委和政府，一是要加强预报、预警工作；密切监视天气变化，及时准确地预报雨情和水情，尽最大努力提前发布灾害预警，提早做好灾害应对工作；二是要完善应急预案。一旦灾害来临，做到紧张有序、处置高效；三是要突出抓好重点地区和薄弱环节的防范。要加强对山洪和地质灾害的预防，确保水库安全度汛，切实做好大坝巡查、抢险。要高度重视学校校舍工矿企业、铁路公路、旅游景区等部位的防洪保安工作；四是要加强和改进抢险救灾工作。堤防、水库、闸坝等水利设施一旦出现险情，要及时报告，并组织力量进行抢护①。

其次，组织贫困群众生产自救以及动员社区外部力量帮助贫困群众减少损失。灾害紧急救援阶段，外部援助力量还非常有限，通过社区内部组织自救，可以有效降低灾害中贫困人口的损失。在外部援助方面，可以动员军队、武警等外部救援力量帮助贫困群众抢救受灾物资和恢复生产，减少经济损失。例如2008年的汶川地震发生时正值农忙时节，大部分贫困农户的生产生活设施受到严重破坏，即将收割的粮食作物倒在田地里，如不及时抢收，农民将颗粒无收。而不能及时抢修受损的农田水利设施，会影响到贫困农户整年的农业生产。在这种情况下，通过社区组织以及动员社区外部力量帮助贫困户抢种抢收是减少贫困人口经济损失的有效方式。

专栏 3-4

济南军区猛虎师在青川三锅乡抢收抢种纪实

"5·12"大地震后，位于青川北部的三锅乡在地震中人员伤亡少，全乡抗震救灾工作在快速恢复通讯、供水、供电后，很快将重心转移到恢复生产上。乡党委书记罗义祥说，时下正是抢收抢种的季节，为减轻地震灾害带来的损失，乡上的所有干部与济南军区猛虎师官兵全力帮助村民们抢种抢收。

军民抢割油菜 800 亩

24日烈日烘烤着大地，上午9时40分，三锅乡民兴村一社村民李祖帮的油菜地里来了一群特殊的人，他们是济南军区猛虎师的20余名官兵，随着一声令下，战士们挥着镰刀，伴随"唰唰唰……"的响声，李祖帮地里的油菜应声倒下。不到一个小时，3亩油菜全部收割完毕。"谢谢战士们，没有你们的帮助，真不知道啥时候才能把油菜收割完"，李祖帮夫妇长长地舒了口气说，这些天他们一直担心下雨地里的庄稼收不来，多亏了官兵们的帮助，才减轻了大灾带来的损失。

民兴一社的王厚庭一家6口人，夫妻俩从天津打工回来，发现房子在地震中已经完全垮了，粮食全部被埋，多亏住在这里的部队官兵，

---

① 中国中央人民政府. 温家宝总理在广西指导防汛抗洪救灾工作纪实[EB/OL]. http://www.gov.cn/ldhd/2010-06/20/content_1632001.htm.

帮着村民挨家挨户的抢种抢收，使他们渡过难关。连日来，住在这里的官兵和当地老百姓一道不怕余震，抢割油菜 800 多亩。

及时抢种灵芝 100 亩

除香菇、木耳外，灵芝是三锅乡老百姓的又一经济支柱，全乡今年规划种植灵芝 280 亩，其中主要分布在民利、东阳两个村。灵芝是三锅乡从韩国引进的新型产业，一亩需投入 3 万多元，技术含量高，需要的劳动力也多。灾害发生后，为了让农户少受损失，乡党委除广泛发动群众外，还求助部队官兵。23 日、24 日，济南军区猛虎师出动官兵 50 多人到民利村二社赵文风等农户家，连续奋战两天种灵芝 10 亩。罗义祥告诉记者说，现在正是种灵芝的季节，全乡在民利村、东阳村已抢种 100 亩灵芝。

资料来源：四川省广元市政府网（http：// www. cngy. gov. cn/ht/2008/5/74903. html）。

（三）开辟贫困人口应急增收渠道

灾后紧急救援阶段的主要工作任务是抢救生命、减少灾区经济损失和恢复灾区社会秩序。在紧急救援中，开辟当地贫困人口增收渠道主要有以下几种方式：

1. 组织贫困劳动力参与灾区基础设施的修复与维护

自然灾害特别是重大自然灾害造成灾区交通要道、水利设施等基础设施损坏、损毁，其中道路等是保障紧急救援的重要基础设施，需要紧急抢修。在需要组织当地劳动力参与抢修时，可以优先考虑贫困劳动力，使他们可以从中获得一份劳动收入。

2. 组织贫困劳动力参与维持灾区交通秩序

良好畅通的交通道路和救援力量的分流等是灾区救援工作高效推进的基本前提。重大自然灾害发生后，道路受损严重而交通运输需求剧增，仅依靠交通警察执行交通疏导和分流任务往往力不从心。因此，组织熟悉灾情和路况的当地居民参与交通疏导就显得十分必要。可以优先组织灾后经济困难人员参与维持交通秩序，并发放工资。

3. 组织贫困劳动力参与救灾物资发放和管理

重大自然灾害发生后，食物、医疗药品等大量救援物资经过航空、铁路、公路等运送途径运往灾区。对于农村灾民而言，这些救援物资还需要通过乡村道路运进来。在乡村道路仍未修复或是大型卡车因乡村道路通行能力不足难以通行时，家庭农用小型卡车、三轮车、摩托车等小型交通运输工具在救援物资运送方面发挥着重要作用。这些小型运输工具一般能够将救灾物资运到社区甚至农户家。在大量劳动力外出务工的情况下，紧急救援阶段受灾村庄劳动力分布极不均衡，并非每个村庄都有足够的劳动力义务搬运和分发物资。根据劳动力需求状况将包括贫困人口在内的农村可用劳动力组织起来，协助各地特别是缺乏劳动力的村庄搬运、分发和看管救援物资，是紧急救援阶段的一项重要工作。对参与这项工作的劳动力特别是贫困劳动力，可区分不同情况，给予补贴。这既有利于降低自然灾害造成的其他不利影响，也为贫困人口增加收入创造了机会。

4. 组织贫困劳动力参与社区灾后卫生防疫和治安管理

重大自然灾害发生后，灾区的卫生防疫、治安秩序维持等都是灾后救援的重要工作。这些工作(喷洒消毒剂、治安巡逻等)并不在城乡基层社区的日常工作范围内，属于重大自然灾害后形成的临时性工作，需要临时组织人员承担。可以根据这些工作需要，设置公益性工作岗位，招聘贫困劳动力，提供临时就业机会。

总的来说，自然灾害紧急救援是灾区人力、物力、财力等资源配置的过程，涉及大量新增劳动岗位，可以带来新增临时就业机会，要把贫困人口临时性就业纳入灾后紧急救援工作予以统筹考虑。

第四章　灾后恢复重建与扶贫开发的结合

　　汶川地震发生后，国家明确提出要将恢复重建和扶贫开发结合起来。扶贫系统积极行动起来，按要求完成了《汶川地震贫困村灾后重建总体规划》，国家确定的 10 个极重灾县、41 个重灾县中受灾的 4834 个贫困村成为恢复重建的规划范围。随后又相继分批在川、陕、甘三省 19 个贫困村和 100 个村实施灾后重建规划与实施试点。按照国家统一部署的三年任务两年完成的目标，贫困村的灾后重建也基本完成。

　　世界已经进入多种灾害并发期，在相当长时期内，自然经济社会运行将在灾害中形成新的循环体系，灾后重建与扶贫开发结合成为理论工作者和实际工作者面临的迫在眉睫的任务。而中国受灾贫困村灾后重建实践的创新，为我国在灾后恢复重建与扶贫开发结合的理论创新提供了实践经验和基础。

一、灾后恢复重建与扶贫开发结合的重要性

　　长期以来，在对待灾害时，我们往往把工作重点放在灾害发生之后的救灾上，而忽略了贫困地区贫困人口的脆弱性特征，因为贫困地区的贫困人口面临的不仅仅是短期的灾害造成的影响，更重要的是贫困人口在灾害发生后，不仅恢复重建的能力较弱，而且也导致了贫困程度加深，脱贫减贫的时间更长。事实上，贫困地区和贫困人口本来基础条件较差、收入低、家底薄，灾害几乎损害其全部的资产，因此，一旦遭遇灾害，贫困地区的贫困人口面临着脱贫减贫和减灾(即恢复重建)的双重任务。减灾保证扶贫，扶贫推动减灾，减灾扶贫相结合，避免灾害与贫困的恶性循环，具有重大的理论和实践意义。

(一)灾后恢复重建与扶贫开发结合是政治抉择

　　灾后恢复重建与扶贫开发结合是政治抉择，绝不是政治口号，而是实实在在的客观需要，更是一种实际行动。

　　灾后恢复重建与扶贫开发结合是贯彻落实党中央国务院指示精神的

具体行动。汶川地震后，党和国家对将灾后恢复重建与扶贫开发相结合给予了高度重视。国家主席胡锦涛指出："要把灾后重建与推进工业化、城镇化和社会主义新农村建设、与扶贫开发相结合。"国务院总理温家宝指出："要把恢复重建和扶贫工作结合起来，加大对贫困地区支持力度，从根本上改变贫困地区的生产生活条件，促进贫困地区经济发展。"回良玉副总理指出"要统筹安排，科学规划，大灾后重建与新农村建设结合起来，与指导产业发展结合起来，与促进农民增收致富结合起来"，他对 2008 年扶贫工作批示："扶贫工作抓得积极主动，在积极参与抗灾救灾工作等方面取得重要进展。今后扶贫工作要推动防灾减灾和扶贫工作的结合，搞好灾后恢复重建和扶贫工作的结合。"

抓好贫困村灾后恢复重建，搞好防灾减灾、灾后恢复重建与扶贫开发结合，是扶贫系统贯彻落实以人为本、落实科学发展观的具体体现。针对中央领导的指示，国务院扶贫办主任范小建强调："自然灾害依然是农村致贫、返贫的主要因素。采取有效的防灾、减灾措施也是扶贫开发的重要内容和有效手段。在继续做好地震灾区恢复重建工作的同时，必须加强扶贫与灾害应对措施的研究。要建立应对自然灾害的工作机制；要加强避灾、减灾设施及产业发展的研究，提高贫困地区抗灾能力；积极探索建立全国扶贫系统灾后恢复重建工作机制。我们的工作基础在贫困乡村，灾后恢复重建要与整村推进相结合、与产业调整相结合、与移民扶贫相结合、与劳动力转移相结合。"①

（二）灾后恢复重建与扶贫开发结合是受灾贫困人群的迫切愿望

自然灾害总是与贫困相伴随，且密切相关。自然灾害对人类生产和生活的破坏作用日益加重，从而导致一部分农村人口处在贫困线上，或者使得脱贫的人们重新返贫，使得我国的扶贫工作面临严峻的考验。例如 2008 年 5 月 12 日，四川汶川发生里氏 8.0 级特大地震。地震波及四川、甘肃、陕西、重庆、云南等 10 个省（自治区、直辖市）的 417 个县（市、区），总面积约 50 万平方千米。汶川地震灾区和贫困地区在地理范围上高度重合，51 个极重和重灾县中，有扶贫工作重点县 43 个（其中国定县 15 个、省定县 28 个），革命老区县 20 个，少数民族县 10 个，贫困村 4834 个；仅四川省受灾贫困人口就达 210 万人，因灾返贫、致

---

① 竹山县扶贫信息网. 范小建同志在全国扶贫办主任座谈会上的讲话[EB/OL]. http://www.zhushan.gov.cn/zsfpb/gzdt/200807/21382.html.

贫人口近 370 万，贫困发生率为 30％[①]。而在我国来看，生态脆弱地区是贫困人口集中分布的典型区域，在地理空间布局上贫困地区与生态与环境脆弱地区有着高度相关性、重叠性和一致性。从地理分布上看，我国生态脆弱区主要分布在北方干旱半干旱区、南方丘陵区、西南山地区、青藏高原区及东部沿海水陆交接地区。其分布特点为：分布面积大、类型多、脆弱性表现明显。据统计资料显示，中国典型自然灾害频发地带/地区内约 92％的县为贫困县；约 86％的耕地属于贫困地区耕地；约 83％的人口属于贫困人口；中国绝对贫困人口的 95％生活在生态环境极度脆弱的地区[②]。

自然灾害导致农村贫困率上升。中国自然灾害大多发生在贫困地区，尤其是西部生态脆弱地区，这些区域生态系统结构稳定性较差，各要素之间相互作用强烈，对环境变化反应尤其敏感，系统整体抗干扰能力弱。据统计，我国现有国家级贫困县 592 个，分布在西部的比重高达60％。这些县自然条件恶劣，生态环境脆弱，基础设施落后，自然灾害频繁，人们的抗风险能力极差。

自然灾害使农村返贫现象严重。如西南山地贫困区马边彝族自治县，属少数民族偏远贫困县，暴雨洪涝频发及其引发的泥石流、滑坡等地质灾害十分严重。2000 年以来暴雨洪涝灾害造成的直接经济损失总值达 2.14 亿元，灾害损失日益加剧，由暴雨等极端天气事件造成的次生灾害使当地部分群众脱贫又返贫[③]。

单纯救灾不能根本解决贫困问题。事实表明，单一依靠灾后救济不是根本解决贫困的办法。因为自然灾害侵袭往往使劳动生产毁于一旦，使经济发展遭到损失和破坏。自然灾害不但制约了经济生产发展，还破坏、抵消了长期发展成果。此时，将扶贫开发、提高群众生活水平与减少灾害损失相结合，不仅可以提高扶贫工作效益，保障经济的稳定持续发展，而且对于加快脱贫步伐意义深远。减灾保证扶贫，扶贫推动减灾，减灾扶贫相辅相成。避免灾害与贫困的恶性循环，定能推进贫困地

① 国务院扶贫办. 扶贫办主任范小建赴川指导扶贫系统抗震救灾工作［EB/OL］. http://www.cpad.gov.cn/data/2008/0602/article_338004.htm.

② 许吟隆，居辉. 气候变化与贫困——中国案例研究［R］. 绿色和平与乐施会，2009（6）：11-12.

③ 许吟隆，居辉. 气候变化与贫困——中国案例研究［R］. 绿色和平与乐施会，2009（6）：25-30.

区的生产经济发展，提高人民的生活水平，从根本上消除贫困。

（三）灾后恢复重建与扶贫开发结合是扶贫创新模式的需要

首先，"大规划、大扶贫"创新的需要。国家扶贫办在《汶川地震贫困村灾后恢复重建总体规划》制定和具体实施的过程中，在扶贫办自身的灾后重建与扶贫开发工作中，用"大规划大扶贫"的理念作为指导，以贫困村为平台，充分利用社会各界力量实施贫困村灾后重建规划实施，从而保证了贫困村灾后重建任务的顺利完成。

其次，贫困村灾后恢复重建的实践，探索出了一套灾后重建与扶贫开发相结合的有效机制，也为建立防灾减灾与扶贫开发相结合的长效机制奠定了基础。通过实践证明，灾后重建与扶贫开发相结合的有效机制主要是体现在贫困村外部的整合管理机制和内部活力激发与能力培育机制的相统一。外部的整合管理机制主要包括，应急响应、规划管理、组织协调、资源整合和主体参与。内部活力激发和能力培育机制则主要包括内源发展和可持续发展功能。在外部的整合管理机制中，规划管理是灾后重建与扶贫开发相结合的契合点，并贯穿于贫困村灾后重建全过程，是统领灾区贫困村灾后重建的核心，应急响应则是规划管理的前期铺垫，组织协调、资源整合和主体参与是实施规划管理的有效方式和方法，而监测评估则是保障整个机制有效的修正完善通道。在内部活力激发和能力培育机制中，内源发展是激发贫困村和贫困人口能力建设与激情的内源动力。可持续发展则是自我维持发展的基础，包括了产业可持续、生产要素可持续、分配可持续和资源环境可持续等。

再次，贫困村灾后恢复重建的实践，提供了与世界各国交流与合作的经验和案例。贫困村灾后恢复重建的成功实践，为我国灾区恢复重建与扶贫开发相结合的机制和模式提供了很好的经验和范本，在此基础上，总结凝练我国的实践经验，并通过比较其优缺点及展开适用性评估，确保我国经验的优良性，让世界各国分享我国在灾区恢复重建与扶贫开发结合的机制和模式方面的成功做法，将加强国际间交流和合作，为国际扶贫开发和防灾减灾(灾区恢复重建)作出应有的贡献。

（四）灾后恢复重建与扶贫开发结合是丰富扶贫开发理论的重要内容

我国扶贫开发经过 20 年实践，已经形成了一定的理论体系。如贫困标准、贫困测度、贫困瞄准机制和扶贫开发政策理论体系等，其一直在实践中不断地创新和发展。但是，在汶川地震后，尤其是在新的灾害频繁发生的条件下，灾害因素对于贫困的标准、贫困测度、贫困的瞄准机制等都产生了巨大影响。在这种情形下，传统的整村推进、参与式扶贫、产业调整、移民扶贫、劳动力转移、就业培训等以及企业扶贫、社会扶贫、教育扶贫等在灾区恢复重建中都出现了许多新的特点。在这方面，国务院扶贫开发办重建办公室在四川、甘肃和陕西两年的贫困村灾后重建中进行了成功的实践和探索，丰富和发展了我国的扶贫开发理论。集中体现在：从自然灾害的角度重新考量贫困人口的脆弱性，推动贫困村灾害风险管理与扶贫开发的结合，促进防灾减灾与扶贫开发相结合理论的探索。自然灾害作为一种外在打击，打破了农户原有的生计发展轨道，延缓了农户生计发展，甚至在短期内造成了农户生计发展的断裂，农户生计脆弱性也因此提高。在短期内，往往是那些生计脆弱性较高的农户容易陷入贫困状态。从长期来看，农户灾后恢复过程是农户在生计发展轨道受到延缓或彻底性破坏的情况下，利用固有的生计渠道和新生的渠道进行发展的过程。但是，由于自然灾害导致农户生计脆弱性提高，农户灾后恢复能力随之减弱，最终村庄中的部分农户在灾害的影响之下陷入长期贫困。贫困与脆弱性如影随形，但并不完全重叠，在汶川地震恢复重建中，通过探索恢复重建与扶贫开发相结合，理论界和实践界对贫困与脆弱性有了更深入的认识，有助于建立起更全面的贫困风险管理理论，进而将防灾减灾纳入扶贫开发的理论体系中，建立防灾减灾与扶贫开发相结合的新型扶贫开发理论框架。

（五）贫困村灾后恢复重建的实践，也丰富和发展了我国的防灾减灾理论

长期以来，我国的防灾减灾和灾害管理体制基本是针对单一灾种，而且采用分部门管理的模式，各自为战，除了缺乏综合系统的法规技术体系政策与全局的防灾减灾科技发展规划、缺少系统的连续的防灾减灾思想指导、缺少综合性的防灾减灾应急处置技术系统、缺少专门为灾害救援的综合型救援专家和技术型队伍、缺少科学决策评估支持系统与财政金融保障制度等，最重要的就是对特殊群体尤其是作为脆弱群体的贫困人口考虑不足。实践证明，灾害发生的地区往往与贫困地区重合，灾害损害往往与贫困程度叠加。而灾区贫困人口在自然灾难面前所表现出的明显脆弱性，较之其他群体，同样的灾害，所遭受的损失更大，恢复重建难度更大，恢复需要时间更长。区域灾害动力学理论认为，在自然灾害风险管理中，降低脆弱性是减少灾害损失的关键。因此，脆弱群体支持体系建设在自然灾害风险管理中也应当得到格外重视。

汶川地震贫困村两年来的灾后重建实践说明，从扶贫开发的角度考虑自然灾害风险管理，有助于从农户层次探索灾害理论研究。在传统的自然灾害研究领域开展脆弱性研究具有极为重要的意义。国内外学者对脆弱性评估进行了大量的研究，现有关于脆弱性的分析较多关注区域脆弱性研究，较少关注农户层次的脆弱性。事实上，不仅不同区域呈现千差万别的脆弱性，农户内部亦如此，贫困农户往往比非贫困农户脆弱度更高。那么为什么贫困农户拥有更高的脆弱性？如何降低和管理贫困农户的脆弱性？从扶贫开发的角度出发，扶贫系统参与贫困村的灾后恢复重建，从农户层次理清了农户脆弱性的影响因素，包括自然资本、金融资本、物质资本、人力资本、社会资本等五个方面。针对贫困村的恢复重建，也自然从这五个方面来展开。

二、灾后恢复重建与扶贫开发结合的路径和环节

灾后恢复重建与扶贫开发相结合，既是实践的探索，也是理论的创新，因此，充分认识理解和运用灾后恢复重建与扶贫开发结合的路径和环节，对于建立中国灾后恢复重建与扶贫开发结合的有效机制和模式，甚为必要。

（一）灾后恢复重建与扶贫开发结合的路径

按照灾害风险管理理论与减贫理论交叉融合的思维理念，灾害发生后中短期内重点是恢复重建与扶贫开发相结合，因此构建一套相对完善有效的灾后重建与扶贫开发结合机制势在必行。随着灾后大规模建设项目的结束，这种相结合机制将从中短期向长期逐步过渡，演变成为扶贫开发与贫困村减灾防灾相结合的长期机制。这样就形成了灾后恢复重建与扶贫开发结合的两个阶段的演进过程，即第一阶段：短期的灾后重建与扶贫开发相结合阶段；第二阶段——中长期目标：防灾减灾与扶贫开发相结合阶段。

第一阶段：灾后重建与扶贫开发结合的框架

由于灾害风险管理理论与减贫理论在时间维度上具有的一致性、在降低贫困人口脆弱性上具有相似性，因此在受灾地区与贫困地区高度重合的情况下，防灾减灾/灾后重建与扶贫开发可以形成一种相互融合和良性循环的体系(如图 4-1)①在这个相互融合的循环体系中，如果有灾

---

① 黄承伟，张琦. 防灾减灾/灾后重建与扶贫开发相结合机制及模式研究—以汶川地震为例[M]. 北京：中国财政经济出版社，2012.

害发生，那么灾害打击与脆弱性共同作用，对贫困社区产生打击并造成损失(虚线下半部分)；灾害打击后，防灾减灾/灾后重建与扶贫开发相结合机制发挥作用，首先恢复贫困社区的基础设施和生活秩序，然后增强贫困村自我发展的能力，进而提升贫困村的防灾减灾水平(虚线上半部分)。

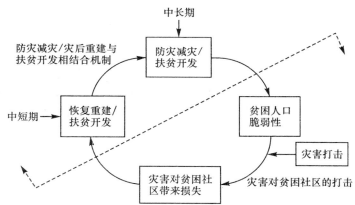

图 4-1 灾害打击与防灾减灾/灾后重建与扶贫开发相结合机制循环图

从上图虚线下方即灾害对贫困社区的打击来看，损失取决于两个方面：其一是灾害打击的强度，其二是贫困人口的脆弱性。灾害打击的强度往往是不可控的，那么只能通过降低贫困人口的脆弱性(亦即提高防灾减灾能力)来减少灾害对贫困社区打击带来的损失，这有赖于在扶贫开发中融合进防灾减灾的理念。

从上图虚线上方即防灾减灾/灾后重建与扶贫开发相结合机制来看，由于灾害风险管理理论与减贫理论在时间维度上具有一致性，相结合机制可以分为灾后重建与扶贫开发相结合、防灾减灾与扶贫开发相结合两个自然过渡、紧密联系的不同阶段。灾害发生后中短期内，重点是将扶贫开发与贫困村恢复重建结合起来，着重推进农房重建、基础设施重建和公共秩序恢复等工作；在构建起一套完整的恢复重建与扶贫开发相结合机制后，随着恢复重建工作的深化和时间的推移，这套机制可以延续和保留下来，并进一步提升和演变成为一种长期的防灾减灾与扶贫开发相结合机制。灾后重建与扶贫开发相结合、防灾减灾与扶贫开发相结合这两个阶段并非完全割裂，而是紧密联系的。在灾后重建与扶贫开发相结合阶段就要考虑防灾减灾的需要；在防灾减灾与扶贫开发相结合阶段，相结合机制的整体框架和工作思路并没有发生改变，只是为了适应灾区发展的阶段性特征，相结合的内容从恢复重建演变成了防灾减灾。

在灾后重建与扶贫开发相结合机制的作用下，一方面贫困村的生计得以恢复和发展，同时其脆弱性得以降低。如果再有灾害发生，由于有防灾减灾机制的作用，贫困村的损失将相对降低，恢复重建将相对容易，进而进入一种良性循环的轨道。

第二阶段：向防灾减灾与扶贫开发结合机制的演变

灾后重建与扶贫开发相结合机制分为灾后重建与扶贫开发相结合、防灾减灾与扶贫开发相结合两个紧密联系、自然过渡的阶段，其中后者是前者在内涵上和时间上的逻辑演变与自然延伸。"灾后重建与扶贫开发相结合机制"和"防灾减灾与扶贫开发相结合机制"在目标上具有一致性、在时间上具有延续性、在主导部门上具有贯穿性，因此两者之间的逻辑演变与自然延伸是一种必然。演变与延伸的具体路径包括规划管理上的统一、组织协调上的一致、资源整合上的自然过渡以及实施方式上的前后衔接。

1. 向防灾减灾与扶贫开发相结合机制演变的必然性

首先，时间上的延续性，决定了"防灾减灾与扶贫开发相结合机制"和"灾后重建与扶贫开发相结合机制"在时间维度上具有先后性、过渡性和递延性。灾害发生中短期内，扶贫开发工作重点是和恢复重建相结合；而在中长期内，相结合的重点将逐渐过渡到扶贫开发与防灾减灾相结合。灾后重建是一种应急性质的中短期行为，旨在恢复，同时注重发展；防灾减灾更多的是一种制度性的、常态化的长期行为，以发展为基础，面向未来。因此贫困村恢复重建与防灾减灾在时间上具有先后性，而扶贫开发贯穿在贫困村恢复重建与防灾减灾全过程中。以扶贫开发为轴，把恢复重建与防灾减灾结合进来，"防灾减灾与扶贫开发相结合机制"和"灾后重建与扶贫开发相结合机制"必然会随着时间的推移、工作重点的转变，实现一种时间上和逻辑上的过渡和递延。

其次，目标上的一致性，决定了"防灾减灾与扶贫开发相结合机制"和"灾后重建与扶贫开发相结合机制"虽然外在表现和内容不同，但却是内部目标一致的整体机制。防灾减灾/灾后重建与扶贫开发相结合机制的共同目标是在灾后降低贫困村和贫困农户的脆弱性，提高其生计和发展水平，增强抵御灾害的能力。这个目标分为"灾后重建与扶贫开发相结合""防灾减灾与扶贫开发相结合"两个阶段来完成，目标上的一致性使两个阶段性机制共同构成防灾减灾/灾后重建与扶贫开发相结合的整体机制。

再次，主导部门贯穿两个阶段，使得"防灾减灾与扶贫开发相结合机制"和"灾后重建与扶贫开发相结合机制"在管理实施上前后对接，成为一个部门主导下的两阶段工作，以一种水到渠成的形式完成过渡。贫困村村内的建设及扶贫开发工作都是由扶贫系统主导的，扶贫部门作为主导部门贯穿贫困村灾后重建和减灾防灾两个阶段，前一个阶段是将灾后重建和扶贫开发结合起来，第二个阶段是在扶贫开发建设中考虑防灾减灾的需求，两个阶段都以扶贫开发工作为轴进行结合。正因为同一个主导部门贯穿"防灾减灾与扶贫开发相结合机制"和"灾后重建与扶贫开发相结合机制"，因此它们可以畅通地完成过渡。

2. 向防灾减灾与扶贫开发相结合机制演变的具体路径

"防灾减灾与扶贫开发相结合机制"是从"灾后重建与扶贫开发相结合机制"演变和延伸而来的，因此其演变和延伸的路径必然与灾后重建与扶贫开发相结合机制的总体框架紧密对接。在灾后重建与扶贫开发相结合机制中，规划管理是灾后重建与扶贫开发相结合的契合点，也是统领灾区贫困村扶贫开发、灾后重建的核心；组织协调、资源整合和主体参与是实施规划管理的有效方式。防灾减灾与扶贫开发相结合机制也必然沿着这个路径进行过渡。

第一，规划管理上的统一，使"防灾减灾与扶贫开发相结合机制"和"灾后重建与扶贫开发相结合机制"衔接成为一个不可分割的整体，进而二者在逻辑上进行深层次的演绎和递进。规划是整个灾区恢复重建的总体安排和全局谋划，具体工作围绕规划展开。通过编制地区发展规划、恢复重建规划、扶贫开发规划等，将灾后重建、防灾减灾及扶贫开发纳入贫困地区的整体发展战略之中，以规划的形式明确不同阶段的战略布局、战略重心、战略步骤及战略实施方针，就为中短期内的"灾后重建与扶贫开发相结合机制"演变成为长期的"防灾减灾与扶贫开发相结合机制"奠定了制度基础。

第二，组织协调上的一致，使"防灾减灾与扶贫开发相结合机制"和"灾后重建与扶贫开发相结合机制"共用一套组织协调方式，借助部门配合和组织实施的连贯性与延续性实现两项机制在组织协调上的过渡。"防灾减灾与扶贫开发相结合机制"和"灾后重建与扶贫开发相结合机制"都是扶贫部门主导和协调下的多部门分工合作，因此虽然是两个阶段的相结合机制，但却共用一套组织协调方式，只是在这种部门协作模式下相结合的重点从灾后重建演变成了防灾减灾，这就使得两个阶段的机制能够在统一的组织协调方式下进行演化。

第三，资源整合上的自然过渡，使"灾后重建与扶贫开发相结合机制"整合和配置的相关资源，能够延续下来并被纳入"防灾减灾与扶贫开发相结合机制"中。灾后重建与扶贫开发相结合机制中的资金来源多样，包括中央和地方灾后恢复重建专项基金、财政扶贫资金、对口援建资金、国内外赠款、社会募集资金以及金融机构贷款、以工代赈资金等。这些资金在灾后重建与扶贫开发相结合阶段进行了整合、捆绑，并持续地投入到贫困村中去。随着向防灾减灾与扶贫开发相结合机制的过渡，这些资金的整合和配置方式并不会发生改变，只是通过建设项目使资金投向更加侧重生计建设中的防灾减灾。

第四，实施方式上的前后衔接，使得"参与式"的方法贯穿于"灾后重建与扶贫开发相结合机制"和"防灾减灾与扶贫开发相结合机制"。在贫困村层次，两个不同阶段的机制都是通过主体参与的方式最终作用到农户的，无论是项目决策、实施、监测还是社区治理组织、乡村企业组织都保持一致，因此两个机制采取了同样的实施方式，前后并没有割裂而是紧密衔接的。

总之，"防灾减灾与扶贫开发相结合机制"是在"灾后重建与扶贫开发相结合机制"的基础上，随着时间的推移和工作重点的转变而进行了一些微调和演变，它们是防灾减灾/灾后重建与扶贫开发相结合机制在不同时期的两种不同表现形式，其核心要义、总体框架以及作用机理是高度一致的。

（二）灾后重建与扶贫开发结合的环节

防灾减灾/灾后恢复重建属于灾害治理范畴，而扶贫开发则属于贫困治理范畴。两个不同理论范畴的内容之所以要结合起来，是因为在灾区与贫困地区高度重合的特殊背景下，灾害治理和贫困治理两个范畴相互作用影响、相互融合渗透，产生了很多共同点，成为了一个不可分割的三大理论环节一体化体系。

1. 以灾前防御、灾中应急、灾后恢复重建为核心的灾害风险管理理论

灾害风险管理理论认为，管理灾害风险需要从灾前防御、灾中应急、灾后恢复重建三个环节入手。首先，从灾前防御环节来看，灾害风

险管理理论认为灾害损失＝致灾因子强度×承载体脆弱性。地震灾害作为自然现象，人类社会很难消除其致灾因子，因此只能从防御的角度降低承载体脆弱性。其次，从灾中应急的环节看，及时的抢险救灾以及尽量保障实现"有饭吃、有衣穿、有干净水喝、有临时住所、有病能医、学生有学上"的"六有"目标，有助于将灾害发生后的后续损失控制在可接受的范围内。第三，在短期应急救援期过后，灾害风险管理就进入了灾后恢复重建环节。恢复重建不仅是要将社会秩序、公共设施和服务等恢复到灾前水平，而且还包括适度超前规划、加速灾区发展、提高灾害抵御能力等更高要求。可以看到，灾前防御、灾中应急、灾后重建是三个相互递进、互为依托的可循环过程，尤其是灾后重建，通过科学合理的重建规划，可以有效提高受灾地区的灾前防御水平，进而为降低灾害风险打下良好基础。

2. 以致贫因子和脆弱性为基础的减贫理论

类似于灾害风险管理理论，现代减贫理论认为贫困是由致贫因子和脆弱性两方面决定的。家庭的福利不仅依赖于平均收入和支出，也依赖于家庭面临的风险，特别是拥有资产较少的家庭。脆弱性的程度依赖于风险的特点和家庭抵御风险的机制。抵御风险的能力依赖于家庭特征——即家庭的资产状况。因此穷人的生计更脆弱，他们的家庭资产稀少，风险抵御能力低，或者说他们的风险抵御能力范围不能完全保护他们遭受贫困风险的打击。在家庭缺少风险抵御能力的情况下，风险打击导致个人或家庭福利降低或贫困，因此家庭抵御风险的能力低是导致贫困人口持续性贫困的一个重要原因。因此减贫也是从三个环节入手：第一个环节是预防环节，即提高贫困抵御能力，降低脆弱性；第二个环节是保障环节，即对已经陷入贫困的人口进行救济；第三个环节是发展环节，即通过能力建设、产业发展等增加贫困人口的发展机会、提高发展能力，实现从输血到造血的转变。

3. 灾害风险管理理论与减贫理论在时间维度和内容上的交叉融合

在汶川大地震灾区与贫困地区高度重合的特殊背景下，灾害风险管理理论与减贫理论产生了交叉融合（如图4-2）。在灾前防御这个环节，因为灾害既是致灾因子又是致贫因子，因此无论是防灾减灾还是扶贫开发，都是要提高对灾害打击的抵御能力；在灾中环节，应急救援格外重视对包括贫困人口在内的弱势群体的保障；在恢复重建环节，能力建设、产业发展等既是扶贫开发的工作内容，也是贫困社区恢复重建的内容。正是由于在灾前、灾中和灾后三个环节，防灾减灾/灾后重建工作与扶贫开发工作从理论上是全面交叉融合的，所以防灾减灾/灾后重建与扶贫开发相结合机制可以把两个不同领域的工作统领起来。

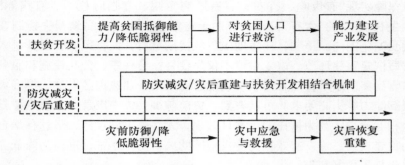

图 4-2 防灾减灾/灾后重建与扶贫开发相结合机制作用

防灾减灾/灾后重建与扶贫开发相结合机制，贯穿整个灾害风险管理全过程，即灾前防御、灾中应急与灾后重建三个阶段；同时又贯穿整个扶贫开发的全过程，包括降低脆弱性、救济和增强发展能力三个环节。防灾减灾/灾后重建与扶贫开发相结合机制，就是要根据不同阶段贫困社区和贫困人口的现实状况，把扶贫开发工作注入灾前防御、灾中应急与灾后重建中去，科学管理和引导贫困村外部和内部力量，降低贫困农户和贫困农村的脆弱性，同时增强他们的恢复力，最终达到贫困村的可持续发展。

三、灾后恢复重建与扶贫开发结合的机制

(一)规划管理机制

规划管理，就是通过编制和执行规划来管理整个灾后重建与扶贫开发工作，包括外部统筹实施机制和贫困村内部活力激发和能力培育机制。规划管理在灾后重建与扶贫开发相结合机制中定位于统领全局，它既是灾后重建与扶贫开发两项工作的契合点，又是整个机制的纲领。规划管理既能够统筹兼顾外部统筹实施机制和内部活力激发和能力培育机制，又能调和地区发展、恢复重建、扶贫开发等不同工作之间的关系。

1. 具体做法和成效

灾区规划包括三个层次，一是总体规划，二是各专项规划，三是各级贫困村恢复重建规划。

　　如图 4-3 所示，《汶川地震灾后恢复重建总体规划》是统领整个灾区恢复重建工作的总规划，在总体规划指导下各部门编制了 10 个方面的专项规划。其中国务院抗震救灾总指挥部灾后重建规划组会同住房城乡建设部、农业部、交通运输部、国务院扶贫办以及四川、甘肃、陕西省人民政府共同编制了《汶川地震灾后恢复重建农村建设专项规划》。国务院扶贫办编制了《汶川地震贫困村灾后恢复重建总体规划》，并以此为指导组织灾区贫困村的恢复重建。地方扶贫系统根据《汶川地震贫困村灾后恢复重建总体规划》分别编制各地贫困村灾后恢复重建规划。据此规划，贫困村灾后恢复重建规划的范围是：国家确定的 10 个极重灾县、41 个重灾县中受灾的 4834 个贫困村[1]。

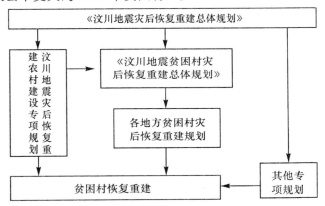

图 4-3　贫困村恢复重建的规划体系

　　如图 4-4 所示，灾害发生以后，首先需要对灾害影响进行评估，对贫困村、贫困人口的需求进行鉴别，对发展机会进行选择，最后论证，从而形成可行的规划方案。贫困村灾后恢复重建规划的编制还需要以国家灾后恢复重建总体规划、新的扶贫开发战略趋势为指导。贫困村灾后恢复重建规划框架也为同类的扶贫开发规划工作提供了规范要求。

　　2. 规划管理三大作用

　　规划管理作用体现在：第一，规划是整个灾区恢复重建的总体安排和全局谋划，是对整体战略的设定。第二，规划是灾后重建与扶贫开发相结合的契合点。扶贫开发和灾后重建是由不同部门主导并有差异的两

―――――――――

　　①　即三省在 2001 年为实施《中国农村扶贫开发纲要（2001—2010 年）》选择确定的贫困村，全国共有 15 万个。

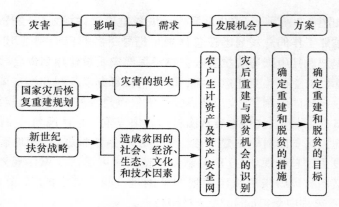

图 4-4　灾后贫困村恢复重建规划框架

种工作，通过综合规划和专项规划才能实现它们的对接和结合。第三，规划管理是实现统筹贫困村灾后重建与地区发展的制度性保障。无论是恢复重建还是扶贫开发，最终要达到的目的还是落脚在地区经济发展上。但是地区发展、恢复重建和扶贫开发是由不同部门主导的，地区发展的主要责任部门在发改委，恢复重建的主要协调部门在各级灾后恢复重建办公室，扶贫开发的协调部门是各级扶贫办或农办。规划管理的目标就是将这些多头管理的诸多工作统一起来成为一个有机整体。

　　3. 规划的三项关键衔接点

　　首先，"十二五"规划与扶贫规划的衔接，是保证在新阶段灾区贫困村灾后重建与扶贫开发顺利进行的重大制度性保障。灾区恢复重建"三年任务两年完成"后，很可能不会针对汶川地震灾区继续编制新的恢复重建规划，而是将汶川地震灾区作为一个特殊片区纳入国家"十二五"发展规划中，给予专门的政策支持。要保证灾区贫困村的扶贫开发与地区社会经济发展不脱节，将贫困村扶贫开发规划编入到各级"十二五"规划当中，将是新阶段灾区贫困村灾后重建与扶贫开发顺利进行的重大制度性保障。

　　其次，新农村建设规划与扶贫开发规划衔接，是灾区贫困村打好发展基础、强化发展能力的政策基础。贫困村扶贫开发当然离不开大农村建设的步伐。新农村建设至少包括 5 个方面，即新房舍、新设施、新环境、新农民、新风尚，这与灾区贫困村防灾减灾/灾后重建与扶贫开发的工作内容是不谋而合的。从中央到地方对新农村建设都有一套完善的规划和资源配置体制，将新农村建设规划与扶贫开发规划衔接，无疑可以提高工作和资金使用的效率，为灾区贫困村更好发展打下基础。

最后，小城镇建设规划与扶贫开发规划衔接，是对灾区仍处于快速城镇化阶段具体情况的适应。整个中国社会经济的主调之一是仍将处于快速城镇化发展阶段，大规模震后恢复重建更加快了灾区的城镇化进程。地震和震后恢复重建使部分贫困村耕地灭失，新建小城镇提供了更多的非农产业就业机会，这些因素都将加快贫困村村民离开土地进入城市，并衍生出贫困农民身份转变、就业、社会保障等一系列问题。小城镇建设规划与扶贫开发规划衔接，正是对这种特殊情况的适应。

4．五个关键性因素

一是坚持规划先行。规划管理要起到纲领性作用统领灾后重建与扶贫开发相结合机制全局，就需要适度先行。

二是通过综合性规划进行统筹。规划管理的一个重要职能是引领不同部门进行组织协调和不同归属的资金进行整合，这种统筹性职能需要通过综合性规划来实现。

三是整合专项规划，进行对口衔接。涉及贫困村的专项规划包括扶贫开发、农村发展、交通、水利、电力等各种专项规划；专项规划的执行表现是项目的协同度，而专项规划的实质是部门协调。如通过将综合规划落实到项目，再以项目的形式捆绑各部门资金，就能达到整合专项规划并进行对口衔接的目的。

四是规划适度超前。考虑到贫困村社会经济落后，规划编制内容要适度超前，通过超前规划为未来发展做出前瞻性安排，并拉动贫困村发展条件改善和村民意识的进步。

五是规划实施的最终落脚点和发力点在贫困村。行业部门的专项规划往往侧重在村子外，此次恢复重建的一个重要经验就是扶贫规划落实到村，真正覆盖到基层，落到实处。这就要求逐级编制扶贫规划，最终以参与式的方法编制村级规划，一来通过村级规划实现内部发展的规范性，二来通过村级规划实现与各行业部门到村项目的对接，如通过村内的社道与到村水泥路对接等。

（二）资源整合机制

资源整合的主要内容是整合配置各个渠道的资金，使不同性质的资金形成合力，但资源整合绝不是单纯的资金整合。不同渠道的资金通常会附加资金投入方的意愿，带有使用、管理和用途等附加意愿的资金的本质，是一种有个性的资源。资金整合只是这个资源整合过程的表现形式，更重要的是资金背后对投入方意愿的整合。资源整合的实质，就是把特性不同但在某些方面具有相同点的资源整合起来，实现恢复重建、扶贫开发及其他资源在管理、用途、监管等方面的归一化和统筹化。

资源整合作用体现在：

首先，资源整合是对恢复重建与扶贫开发相结合总体思路的具体体现和最终执行方式。恢复重建与扶贫开发相结合的一个重要实施形式，就是将重建资源和扶贫资源整合起来，相互衔接或者相互捆绑，从而得到更高效的利用。

其次，资源整合是外部统筹实施机制发挥作用的具体方式。规划管理是从战略层面对恢复重建与扶贫开发做出总体安排，组织协调和多元合作是对相结合整体战略的制度性适应，而资源整合则是在总体安排和制度设计的框架下去具体实施和执行相结合工作。

再次，资源整合是衔接外部统筹实施机制和内部活力激发与能力培育机制的桥梁。资源整合往往最终是在县、乡、村三级进行，以规划为代表的相结合战略和相应的战术措施，最终通过资源（即具体项目）的形式落实到贫困村内部。因此资源整合是灾后重建与扶贫开发之间的结合是否能够顺利得以实施并落实到实处的关键所在。

1. 具体做法和成效

汶川地震贫困村灾后恢复重建资金的来源多样。如四川省规划区内各县面上贫困村灾后恢复重建资金构成，就包括中央和地方灾后恢复重建专项基金、财政扶贫资金、对口援建资金、国内外赠款、社会募集资金以及金融机构贷款、以工代赈等其他资金（如图 4-5）。

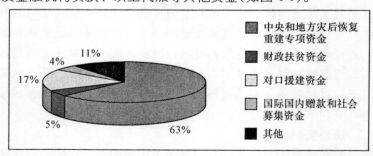

图 4-5　四川省规划区内各县面上贫困村灾后恢复重建资金构成

一是捆绑性整合灾区可自主管理的资金，包括中央和地方灾后恢复重建专项基金、财政扶贫资金、金融机构贷款以及以工代赈等资金。这类资金相对更能够体现当地政府的使用意愿，但是由于行政体制条块分割的原因，自上而下的资源到达乡村时较为分散、整合低效，导致贫困村在恢复重建的过程中出现项目之间的衔接性不强、配套设施滞后等协调因素。整合这类资金更多的依靠部门组织协调机制，通过项目捆绑、资金捆绑等方式进行整合。

二是引导性整合对口援建省份为主导的资金，主要是对口援建资金。根据调研情况，援建省份对援建资金使用具有很大的主导权，资金投向和项目选择虽然能考虑当地意愿，但更多是由援建省份决定。援建省份往往更愿意将资金用于打造大型亮点工程，如大中型学校、医院等，对贫困村产业培育、能力建设等见效慢、投入效果不显著的项目投入较少。针对援建资金各地摸索出的一套有效整合方式就是通过签订官方协议或者文件，引导援建省份理念转变，将援建资金纳入自身发展需求中来。

三是自主性和监督性相结合整合公益组织和国际机构资金，如中国扶贫基金会、香港乐施会、联合国开发计划署等机构的资金。这些资金的组织意愿导向性很强，投入方往往对资金的投向、用途、管理、监督都有自己的想法，因此整合的技巧性很强。只有保障资金投入方的自主性和积极性，才能有效进行整合。

2. 资源整合路径的三个层次

第一个层次，以恢复重建和扶贫开发规划为指导，用中央资金撬动其他资源。从表4-1可以看到，贫困村灾后恢复重建资金主要投入来自中央和地方灾后恢复重建专项资金，其中中央资金占绝大部分。表中显示，申请列入国家灾后恢复重建专项基金150亿元，这部分资金是直接针对贫困村恢复重建的主体资金。从操作层面上看，中央资金的到位最及时，到位率较高，而且瞄准性最精确。因此用中央资金撬动其他资源，可以带动其他资金向贫困村聚集，并确保资金投入的方向不出现偏差。

表 4-1　汶川地震贫困村灾后恢复重建资金来源

来源	国家灾后恢复重建专项基金	地方政府和财政扶贫资金	对口支援和社会捐赠资金	有关行业部门资金投入和金融机构贷款
金额(万元)	1,500,000	50,000	18,789	1,663,697

数据来源:《汶川地震贫困村灾后恢复重建总体规划》。

第二个层次，以项目建设为单元，做好项目规划和配合，推动资源整合。部门资金和非政府部门资金最终落脚点是项目，比如交通、电力、建设、农业等部门资源，往往都投向各自部门所负责的项目上，要整合这些资源，首先就是整合好各部门项目规划。通过综合性规划或贫困村发展专项规划，做好不同部门项目之间统筹协调，在项目内容、进度、投向上做好整合，推动资源整合。

第三个层次，以整村推进为突破口，引导资金直接到乡村两级整合。不同于各种资金在县及县级以上政府条块分割的现状，自上而下的资源在按照"归口原则"到达各个乡镇时，资源分散性要弱于县市一级。乡镇职能的转变，基层民主的扩大都使乡镇一级部门联动效率提高，为资源有效整合提供了切实的前提条件。村一级是各种资源最终发挥效用的目标单位，引导各种资源在乡村一级进行有效整合，不仅有利于对区域内资源进行高效整合，而且有利于主体参与实际需求，使资源配置更加合理。

3. 三个关键点

资源整合是一项复杂的系统工程，牵扯到各方权利和利益博弈。对这些不同类型的资源在整合中要把握以下几个关键点：

第一个关键点：做好项目规划，部门资金围绕项目进行投入。从某种意义上讲，整合各种专项规划就是在整合资源，因为大部分资源都是针对项目进行投入，而项目安排取决于各类规划的制定。

第二个关键点：同步推进，避免资金使用的木桶效应。在项目规划层面做好统筹协调后，执行层面的重点就是保障不同口径资金同步推进落实。资金落实不同步的结果是项目推进进度不一，而贫困村灾后重建与扶贫开发项目之间是相互制约的，比如产业扶贫一定要建立在村道、电力、水利等项目的基础上，一个项目资金落实滞后就会影响到政策的综合效果，形成木桶效应。要在资金整合上协调同步，就需要有一套行之有效的信息传递机制。

第三个关键点：对口援建资金的使用和管理做出制度性安排。对口援建省份对援建资金使用具有很大的主导权，资金投向和项目选择更多是由援建省份决定。援建省份往往更愿意将资金用于打造大型亮点工程，如大中型学校、医院等，对贫困村产业培育、能力建设等见效慢、投入效果不显著的项目投入较少。这就要求对援建资金的使用和管理做出制度性安排，在制度层面充分考虑对口援建单位与被援建方之间的协调，引导援建资金流向最需要的地方。

(三)多部门组织协调机制

多部门组织协调是通过整合灾后恢复重建部门、扶贫部门以及其他职能部门来形成合力，增强政府部门统筹能力、强化资源调动能力和资源使用的配合度，最终在部门分工协作层面实现灾后重建与扶贫开发的结合。组织协调在灾后重建与扶贫开发相结合机制起到承上启下的作用，一方面是规划管理得以实施执行的组织保障，另一方面又是资源整合配置的前置条件。组织协调的关键点是首先确立一个主导部门、制定原则性与灵活性并重的工作程序，然后以主导部门为核心、以相关工作程序为方式构建部门联动机制，最后还要根据各地的具体情况进行调整。

1. 具体做法和成效

组织协调在灾后重建与扶贫开发中最典型的成功做法，是通过市县领导直接挂帅贫困村灾后恢复和扶贫开发工作，来实现对不同部门的有效领导。实现扶贫部门与其他部门之间组织协调的具体手段，通常是采取扶贫办与其他部门合署办公的形式。比如略阳县就成立了由县委书记、县长和相关部门负责人组成的灾后重建工作领导小组，县委办、政府办为领导小组办公室。在领导小组的指导下，县扶贫办、综合开发办、项目办合署办公，三块牌子，一套人马，统管灾后重建工作，县扶贫办设有灾后重建试点村规划编制组、指导组，按照先群众住房、后基础设施、再产业发展依次推进重建项目实施。在实施过程中，扶贫办又提出了"三捆绑"、"四结合"、"五到村"的新机制，保障归口不同部门管理的项目资金按照贫困村需求捆绑投入。

2. 四大功效

第一，组织协调在灾后重建与扶贫开发相结合机制中起到承上启下的作用。一方面是规划管理得以实施执行的组织保障，另一方面又是资源整合配置的前置条件。

第二，组织协调是多部门协作的制度基础。灾后重建与扶贫开发相结合，说到底是不同部门之间的分工协作，一套高效的组织协调机制才能保证不同部门围绕一个共同目标工作，进而实现灾后重建与扶贫开发的结合。

第三，通过组织协调能够促进灾后重建与扶贫开发资金整合并向贫困村倾斜。通过扶贫系统与其他职能部门的协调，可以促使一些部门资源在配置时更多的向贫困村倾斜，为贫困村恢复重建与扶贫开发争取到更多的资源。

第四，规范高效的工作程序。制定原则性与灵活性并重的工作程序，可以打通灾后重建与扶贫开发相结合的通道，确保项目在不同部门之间的审核和执行渠道畅通。灾后重建与扶贫开发的本质，是一种常态化的应急工作，在工作程序上一定要原则性和灵活性并重。在正常情况下，许多建设项目涉及多个部门的审批，这对严格资金监管、控制项目质量等是有益的，但在灾后恢复重建的紧急情况下，尤其针对贫困村既有重建任务又有扶贫任务的特殊情况，要把握好原则性和灵活性之间的度。

3. 部门联动制度

灾后防灾减灾/灾后重建与扶贫开发相结合，是一项复杂的系统工程，其中必然会涉及多个不同的部门，必然也会包含众多的程序和环节。为了保证政策实施的快速性和有效性，在政策实施的过程中，强调和重视部门间的协调、形成部门联动是非常必要的。

(四)主体参与机制

主体参与机制是指灾后重建与扶贫开发相结合机制中利益主体即贫困村民的参与。主体参与不仅包括传统意义上的村民参与外来项目的决策、实施和监测，还包括建立以村民为主体的制度化组织(如合作社)，实现自发的主体参与。主体参与在灾后重建与扶贫开发相结合机制中的具体作用体现在：首先，主体参与是外部统筹实施机制和贫困村内部活力激发和能力培育机制的纽带。其次，主体参与是密切党群干群关系、提高相结合政策效率的保障。第三，主体参与可以间接起到提高贫困人口能力的目的。

1. 具体做法和成效

主体参与在灾后重建与扶贫开发相结合的具体实践中，摸索出了参与环节和参与程序两个方面的成功做法。

在参与环节上，坚持贫困农户全程参与，在灾后损失和影响评估、需求评估、重建项目识别、项目优先排序、项目具体实施、项目监督等各个环节，都充分保证贫困农户的参与。如马口村在进行项目规划的时候，先进行社区调查，接着进行农户座谈，经过充分的准备，2008 年 6 月 28 日上午在村小学院坝如期召开了农户大会。大会首先对灾民进行了问候和灾后重建动员，然后工作组用挂图向农户反馈了社区调查、农户调查成果，包括村基本情况、受灾情况及分布、当前生产生活情况、存在的主要问题、农户项目意愿、建设方式等情况。接着分性别进行主要排序、项目意愿排序，讨论对问题干预的对策建议，讨论完善工程建设方式，最后向群众通报了农户选择排序结果并安排部署了当前应继续抓好的抗震救灾工作。从结果来看，参会群众热情高、意识强、参与积极，大会非常成功，达到了预期的效果。

在参与程序上，一是由农民自主推选有威望、有能力、公道正派的农村老党员、老干部、老模范、致富能人和青年、妇女积极分子，通过村民大会选举产生项目实施小组成员，再从成员中产生实施小组长来领导或组织项目的实施，形成一个强有力的领导班子。二是每个贫困群众都有平等参与、平等表达意见的机会，同时认真执行少数服从多数的原则。主要采取两种方式：第一，对涉及全村发展的有关事项由村民项目实施小组召开村民会议，组织群众讨论，认真听取群众意见，经过讨论形成共识；第二，对事关大局和敏感性事项，采取投票的方式来决定。

2. 主体参与的双层理念

主体参与有两层意义：其一是提高外界项目和资源对贫困村内部实际情况的适应性，其二是提高贫困村村民对外部资源和机会的把握能力。在第一层意义上，贫困村恢复重建和扶贫开发，一定是贫困村内部的事情，外界资源和项目的作用只是辅助和给予初始资本，而不是越俎代庖一手包办。在第二层意义上，外部发展机制的目的是协助形成贫困村内部发展能力，也就是人的发展能力，因此在推进项目做好建设的同时，参与的过程也帮助贫困村居民提升自身参与决策、配置资源、争取机会的能力，为贫困村内源发展打下基础。

3. 三大关键性环节

主体参与的三个关键环节是决策、实施与监测，只有村民参与全部关键环节才是实现了真正的主体参与。在决策环节，如村级规划制定、资源配置等工作中扩大基层直接民主，赋予灾民参与的权利，就能吸引最广大灾民参与重建决策和管理。在实施环节实现主体参与的积极有效方式是增加信息公开的广度和深度，让村民在信息充分对称的情况下进行参与，要让灾民意识到自己的参与程度会对自身利益带来什么样的影响，这样灾民才会持续、深入地介入整个过程而不只是应付差事。在监测环节，最关键的是保障村民的反馈与监督渠道，如在上级人民政府设置专门的投诉和上访接待处，保障监督权利的行使有效，就能确保在监测环节使主体参与落在实处。

（五）监测评估机制

灾后重建与扶贫开发相结合机制中，科学系统的监测评估也是实施规划管理的重要手段。监测评估是项目管理的重要组成部分和重要内容，是规划编制与实施过程中最重要环节之一。如何评估各种投入对目标群体的影响，需要规范的方法、方式和体系。贫困村灾后恢复重建系统的开发应用，既是规划监测评价工作的需要，也是完善监测评价系统的需要。系统的运行，保证了基础数据的全面、动态，为决策提供基础性支持。此外，监测评价体系还包括：基线和终期监测、系列专题评估等活动，从多个角度完善了贫困村灾后重建的评估体系。

监测评估的作用主要体现在：灾后重建与扶贫开发相结合的过程是一个特殊的发展干预过程，从规划编制到具体实施，就会产生一个从投入到影响、从外部干预到内部发展的影响链。监测评估在这个影响链中起的作用分为监测和评估两个过程：监测主要针对外部发展机制，即监测投入是不是到位、这些投入有哪些产出；评估则主要是针对外部干预对贫困村内部产生了哪些影响，评价灾后重建产生了哪些具体的成果。监测评估的结果最后反馈到规划管理上，实现整个机制的自我修正。这里的评估与应急响应阶段的评估有所不同，前者的评估对象是防灾减灾/灾后重建与扶贫开发等外界干预措施对贫困村的影响，是一种社会影响；后者是地震灾害对贫困村的影响，是一种自然影响。

1. 具体做法和成效

国务院扶贫办组织国内外专家，针对汶川地震贫困村恢复重建具体管理实施层面开展了大量调查研究。《贫困村灾后恢复重建基线调查报告》是以在规划区随机抽取 10 个县、100 个受灾贫困村、3000 户农户进行问卷调查为基础完成的，内容涉及地震损失情况、收入状况及其变化、财产状况及其变化、生计恢复情况等。《国务院扶贫办贫困村灾后恢复重建规划与实施试点监测评价基线报告》和《国务院扶贫办贫困村灾后恢复重建规划与实施试点监测评价终期报告》是关于国务院扶贫办与联合国开发计划署合作开展的 19 个试点村的基线调查和终期调查报告，前者的重点在重建需求，后者的重点在恢复重建的过程与效果，采用的主要是参与式小组方法。《汶川地震灾后贫困村恢复重建试点效果综合评估报告》是关于 19 个试点村的大规模问卷调查报告，内容重点是重建需求及其文化程度、重建过程的及时性、科学性和协调性等。《汶川地震灾后贫困村救援与恢复重建政策效果评价报告》涉及灾区 15 个贫困村，其中 5 个第一批试点村、5 个规划区内的非试点村、5 个非规划区受灾贫困村，重点是对三类村庄救援与恢复重建政策效果的比较研究。总体来看，国务院扶贫办组织的这些调查研究，其重点一是汶川地震对贫困人口的影响，二是灾后救援与恢复重建的效果。

2. 有效性监测机理

监测主要针对两个部分，一是监测投入是不是到位；二是监测这些投入有哪些产出。对这两个问题要进行有效监测，那么至少要从管理层次和社区层次同时入手。

第一，从管理层次监测自上而下的组织协调和投入落实情况。贫困村灾后防灾减灾/灾后重建与扶贫开发相结合是一项综合性工程，涉及农业、水利、电力、交通、卫生、人口、党建等众多部门。这些部门的资金是否能够到达贫困村？到达贫困村的资金是否能以村级规划为依据加以统筹与整合使用？这些方面的情况直接影响到贫困村灾后重建与扶贫开发的效果，因此需要从管理层次监测自上而下的组织协调和资源投入落实情况。管理层次的监测主要由各级人民政府完成，并反馈到各级规划的制定部门和各级人民政府的分管领导部门。国务院扶贫办灾后重建办组织设计并推广应用的"贫困村灾后恢复重建监测管理系统"内容丰富，指标详实，解决了灾后恢复重建数据收集、管理、使用的技术问题，对及时了解灾后重建进展，把握资金使用状况，提高灾后重建水平具有重大意义①。

第二，从社区层次监测投入到位和产出情况。在整村推进成功经验指导下，大多数贫困村灾后重建与扶贫开发项目都是在社区层面展开的，贫困村和农户是这些项目的实施主体，因此他们也应该成为监测的主体，构成管理层次和社区层次的立体监测。由农户进行的自我监测是对农户重建水平活动监测的基础，主要通过由贫困村内农户完成规范化监测表格来进行，这种监测适宜按照项目为单元多次滚动开展。对村内公共项目的监测，可以考虑由村级规范化监测小组完成，如由各村民小组所组成的代表负责在村小组范围之内展开监测。通过制定村级活动监测表，由村民小组代表负责完成监测。村级监测的内容包括资金到位与否、到位金额、项目完成指标、农户受益情况、农户对政策的评价等。

---

① 见黄承伟，陆汉文的《汶川地震灾后贫困村恢复重建资金落实与使用情况专题调研报告》。

村级监测也可以按照项目为单元多次滚动开展，监测报告由村委会和村民代表签字后，按季度或每半年向村级规划小组和镇乡人民政府进行反馈，并由县扶贫办最终确认。

3. 外部政策对贫困村内部发展影响的评估分析

相对流程化的监测，评估的专业技术性更强，因此将参与式的评估与专业评估相结合是一种较好的选择。

第一，在贫困村社区内进行参与式评估，准确把握实际情况。贫困村社区内的参与式评估主要以主观评价为主，主要反映农户对灾后重建活动的主观评价。需要对参与评估工作的村民进行培训。在有条件的地方，乡的驻村干部、志愿人员，以及非政府组织可以与村民代表共同进行评估工作。村规划小组可根据评估的结果形成村级影响评估报告，作为整体评估的基础部分。

第二，在国务院扶贫办层次开展专家评估，从专业角度为规划调整提供依据。由于评估的结果最终要指导规划编制和执行过程的调整，因此需要从专业的角度梳理防灾减灾/灾后重建与扶贫开发政策、项目影响贫困村发展的科学机理。在村级参与式影响评估的基础上，专家评估作为上一层的评估手段必不可少。从专业角度考虑，这种评估适宜由国务院扶贫办组织国内和国际专家、扶贫系统内和系统外专家共同展开。考虑到防灾减灾/灾后重建与扶贫开发相结合工作的系统性、复杂性与跨行业跨领域性，专业评估需要涵盖社会学、经济学、管理学、工程学等多个理论学科，构成多层次复合式评估。

四、灾后恢复重建与扶贫开发结合的模式和典型案例

（一）灾后恢复重建与扶贫开发结合的模式

根据调研了解到的情况，我们将灾后重建与扶贫开发相结合的模式划分为四种，即合作产业发展模式、社区建设模式、整村推进与连片开发模式和城镇化模式。

1. 合作产业发展模式

贫困村自然环境脆弱、产业发展程度低、基础设施发展滞后。贫困村灾后重建面临住房、基础设施恢复重建和农户生计可持续发展的双重任务。因此，防灾减灾/灾后重建与扶贫开发相结合是解决重建与发展双重任务的客观要求。

在种养业以市场为导向，农户市场意识比较强的贫困村，地震灾害

对家庭资产和生计发展途径的冲击，打乱了农户的生计发展计划。大部分农户不得不改变短期内的生计策略，从收入导向型向基本需求满足型转变。由于需要进行灾后住房的恢复和重建，将本来计划用于发展养殖、做生意等方面的资金用来重建房屋和重新购置生活和生产必需品等；农户在短期内收入机会将会逐渐减少，这将会影响到农民的收入水平，进而影响到农户长期的生计水平。可见，重建村民生计系统，特别是建立应灾能力强、可持续的农户生计系统是灾后重建的重要内容。整合资源进行合作产业发展无疑成为具有产业发展禀赋(如与大市场联系紧密、社会组织较为发达等)的贫困村进行灾后生计系统恢复和重建的最佳选择。

基本做法。第一，灾情及农户生计发展意愿调查。第二，制定灾后可持续生计重建规划。第三，生计发展系统重建——成立合作社与构建合作经济实体。在政府相关部门注册成立种养专业合作社，对生计发展资金整合至少有两个方面的作用。首先，成立合作社，农户入社交纳一定入社费，可以将分散的资金聚集起来，有利于妇女、贫困户等弱势群体缓解生产启动资金困难；其次，成立合作社使外部援助资源在社区生计发展投入上更为便捷和公平。如政府或非政府组织可以将资金直接拨给合作社。因此，一般而言，合作社发展产业的资金绝大部分是由政府或者非政府等外部援助的，而社区社员交纳的入社费只占到很少的比重。村民入社时，可以土地承包权和资金入股成为社员。

作为互助性经济组织，种养专业合作社可以有效地将分散且缺乏生产资金的农户组织起来，以专业合作社形式参与市场竞争大大降低了农户进入市场的风险。农户也可以以专业合作社形式发展合作产业。

从实践经验来看，种养专业合作社发展合作产业主要有三种形式。(1)选择产业项目，合作社独资兴办企业。(2)选择产业项目，养殖专业合作社与村庄外部企业或个人合资兴办企业。(3)养殖专业合作社可以与社区中一些有资金又有丰富的养殖业经验的养殖户共同合作。

优劣势分析。合作产业发展的优势在于通过成立种养专业合作社发展合作产业，可以较好解决外部组织援助社区生计可持续发展的资源(资金、技术等)投入渠道困难。在外部资源的诱导下，合作产业发展能够激活和整合社区优势资源(特色产业、种养业能人等)，同时实现农户再组织化，增强农户特别是贫困户与大市场联系。农民专业合作社作为特殊的经济性组织，在盈余分配制度上从盈余中提取公共积累之后，依

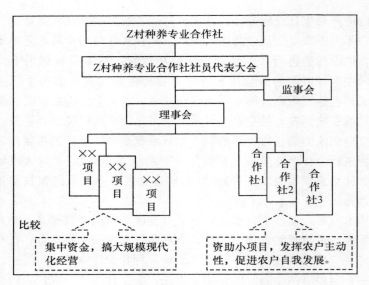

图 4-6　经济实体治理结构图

据社员入股情况进行分红。因此在盈余分红的盈利状态下可以实现社区生计的整体性发展。合作产业的劣势在于并不是所有的贫困村都具备了产业发展的产业优势和市场条件，因此，推广性受到限制。同时，由于乡村社区缺乏现代产业管理技术、人才，农民专业合作社往往与外部企业或者个人合作，形成利益共同体。利益共享，风险共担的合作中，外部合作伙伴处于强势地位，遇到风险时会将风险转嫁到处于弱势地位的农民专业合作社。

实用条件与可推广性。合作产业发展模式在灾后重建与扶贫开发相结合的使用条件有以下几点：首先，合作产业发展是一种市场导向型的发展模式。因此，贫困社区农业发展是否具有优势产业（或者优势产业潜力）是该模式的一个重要实用条件。而优势产业没有有效开发是贫困村贫困的主要原因之一；其次，由于贫困村周围的经济发展滞后，市场发育程度低。市场导向的合作产业发展所指的市场主要是指经济发达地区的市场甚至是全国性的大市场。因此，具备与经济发达地区市场或者全国性市场有效联结交通网络是合作产业发展的客观使用条件。可以说贫困村农业市场导向性程度越高越有益于以合作产业发展方式推动灾后重建与扶贫开发相结合，建立起一个具有抵御灾害能力的、能够有效缓解贫困的可持续生计系统。

灾区贫困村自然环境比较恶劣、封闭性强，从资源开发的角度来看，存在产业较大的资源开发潜力。因此，合作产业发展模式的推广性还是较广的。然而，由于灾区贫困村资源开发潜力的大小不同，社会组织发育不一，合作产业发展模式的作用也会存在差异。

2. 社区建设模式

社区建设模式，是指通过充分赋权，发挥社区主导作用，建立官民合作机制、贫困者合作机制以及社区内部主体间合作机制，实现社区公共品供给和服务水平提高和农民和社区发展意识的提高的"双提高"效用。

具体做法：第一，灾情调查。第二，召开农户大会。第三，确定项目框架。第四，反馈项目框架及编制项目投资及实施方案。第五，项目实施。项目实施采取村民投工投劳自建，各政府相关部门在资金、技术等方面提供指导和帮助的形式实施。具体项目管理及实施流程如图4-7。

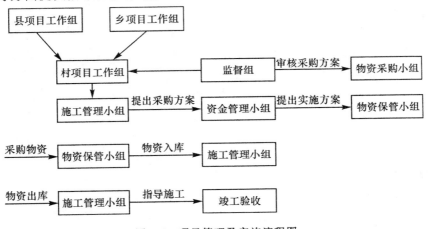

图 4-7 项目管理及实施流程图

优劣势分析：社区主导合作的社区建设模式存在四个层面的合作机制：政府与社区贫困群体之间的官民合作机制，贫困农户之间的经济合作，经济农户组织与"村两委"之间的社区合作，政府扶贫资源的部门间合作[①]。一方面，赋权式社区主导合作可以克服政府在供给方面交易成本较高(但在筹资方面交易成本较低)和社区在筹资方面比较低(但在供给方面交易成本较高)的缺陷，优化存量资源，提高项目响应社区群体

---

① 林万龙，钟玲，陆汉文. 合作型反贫困理论与仪陇的实践[J]. 农业经济问题，2008(11).

需求度和项目实施的效率，降低项目实施成本；另一方面，资源和决策的使用权和控制权下沉到社区，最大限度地弱化了乡镇对农民的负面影响，保证了各项目的顺利进行。在项目有效实施的同时也客观上起到增强农民能力、建立社区信任纽带的积极效果。

以社区主导型合作为核心的社区建设模式，也存在一些不足。政府充分赋权，社区权力对项目灾后重建资源的最终使用有很大的影响。民主确定的项目易形成"多数人暴政"现象，有可能使社区最穷的少数人利益得不到反映，同时社区权利结构的不均等（相对富裕的村民通常有更大的影响力与活动能力），容易出现部分资源在社区内不能有效瞄准贫困人口①。

实用条件与可推广性：汶川大地震给贫困村基础设施造成普遍的破坏，只是破坏的程度各不相同。社区恢复重建是每个灾区贫困村灾后重建的必要内容。从社区"硬件"（如交通道路、农田设施等）恢复和发展来看，社区建设模式几乎在每个灾区贫困村都是适用的。但严格按照本模式的具体操作社区主导型的赋权式合作（在建设方式上采取村民投劳自建方式）来实施社区建设，实现社区硬件和软件的恢复与发展则又存在一定的局限性。因为在调查中我们发现，在一些受灾严重需要大规模重建农房的贫困村，其社区硬件建设大多数采取外包给工程队的形式而非全部村民投劳自建，因为农民修建房屋，难以有效组织劳动力来建设公共基础设施。同时，社区建设模式的推广也受到村两委等社区基层组织治理能力和社区凝聚力的影响。基层组织治理能力差，社区凝聚力和信任度都非常低的社区很难实现"善分不善合"的农民组织化。

3. 整村推进与连片开发模式

整村推进、连片开发模式是指根据扶贫开发发展规划和现代农业发展规划，围绕促进区域经济发展和增加贫困人口收入目标，制定整村推进、连片开发的规划，整合财政扶贫资金、涉农资金、非政府组织资金及对口援建资金，集中投入发展优势特色产业，进行贫困群体生产生活基础设施相关建设，使该区域贫困面貌有明显改善，防灾减灾能力增强，农户自我发展能力有较大提升。在灾后重建背景下的整村推进、连片开发的特色在于与对口援建方协作开发优势特色产业、建

---

① 陆汉文. 社区主导型发展与合作型反贫困——世界银行在华 CDD 试点项目的调查与思考[J]. 江汉论坛，2008(9).

立起双方稳定的市场联系机制和智力援助、人才培训、交流协作的长期合作平台。

具体做法：第一，因地制宜，统筹确定重建项目。第二，整合重建资源，整村推进。统一规划整合中央财政重建包干基金、扶贫专项资金、财政扶贫资金、国际组织援助资金、部门投入资金、社会援助资金进行整村推进项目的实施。第三，县乡政府与对口援建方合作推进特色产业开发。首先，建立有效的援建资金运作制度。其次，以项目为先导，推动资源开发，优化产业发展。

优劣势分析：在灾后重建与扶贫开发相结合中推行整村推进与连片开发的建设方式，分批分层次地进行扶贫开发可以避免"撒胡椒面"，推进到的贫困村在基础设施、人居环境等上会有实实在在的改善。区域性的综合开发项目，可以改善农业基础设施条件，从整体上解决产业发展的基础设施薄弱环节，推动连片的产业开发。通过灾后对口援建的经济协作关系，招商引资，连片开发优势特色产业和发育市场，进而带动贫困人口生计实现可持续发展。但整村推进与连片开发也存在某些方面的局限，如连片开发的产业都是以政府为主导的，这些产业的市场开发效益在产业发展区域的覆盖率（惠及贫困人口的广度）仍是一个值得认真研究的问题。由于整村推进与连片开发是以优势资源为依托的，对具有优势资源的片区在农业生产基础设施进行整体性的推进和改善，而那些没有资源发展优势的贫困区域由于找不到可以发展的优势产业，则受到较少的关注。

实用条件与可推广性：整村推进与连片开发从开发资源入手，通过改善贫困地区产业发展的条件（如交通道路、农业灌溉设施等），通过基础设施的改善和政府指导，带动集中区域产业的跨越式发展和市场发育，实现贫困农户生计的可持续发展。因此具有可开发的产业或者存在具有开发潜质的资源是实施整村推进与连片开发的一个重要条件。灾区的贫困山区自然环境独特，资源丰富，优势资源明显。因此推广度比较高。

4. 城镇化模式

城镇化模式是指以城市重建需要拓展的优势产业为依托，通过产业链条的打造和城镇社会保障体系的覆盖，将贫困村整体纳入城镇产业发展中，实现贫困人口农转非和向第二、三产业发展的转型。在汶川地震的极重灾区，农村和城市都受到了极其严重的冲击，有些城镇如北川、青川等甚至遭到了毁灭性的破坏。这些极重灾区城镇重建需要对整个城市的布局进行重新规划。而同样受到严重破坏的城市周边乡村也有可能被纳入城市重建的规划布局当中。因此，极重灾区城镇周边贫困村灾后重建可以通过城镇化的方式来完成。在灾后重建的特殊背景下，农村城镇化并不仅仅是城镇自己在扩张，农村城镇化还与城市的重建与扩张有着千丝万缕的联系。在地震灾后城市的重建规划中必定会结合一定的产业特点(如发展旅游产业链)。临近城市的城镇则往往被纳入城市的产业重建发展规划当中，因此，城镇向周边农村扩展在所难免。

具体做法：第一，住房重建。第二，基础设施建设。虽然被纳入了城镇的发展规划，但是村民的日常生活仍然需要一些基础设施。因此，道路、饮水工程社区基础设施建设项目仍然是灾后重建的重要内容。第三，城镇社会保障覆盖的跟进。第四，产业转型。村民的产业转型是城镇化中最重要的内容。村民从第一产业(农业)能否向第二、三产业成功转型是城镇化模式成败的关键。贫困地区由于自然条件、地理区位等客观环境的限制，经济发展特别是工业发展往往比较滞后，经济发展依托工业带动的可能性比较小。而在地震之后形成各种新的自然和人文旅游景点和民族优秀文化遗产的开发无疑为工业发展相对滞后的贫困地区找到了经济发展的突破口。(1)民族旅游产业链条的打造。城市政府通过制定新自然、人文景观和民族优秀文化遗产开发规划，投入资金支持新形成的自然、人文景观和民族优秀文化遗产建设，帮助被纳入城镇的贫困村围绕城市旅游产业开发规划发展与之相关的旅游产业链条。(2)民族手工艺技能培训。(3)"公司＋家庭作坊＋行业协会"的生产加工模式。

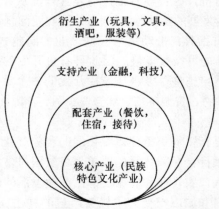

图 4-8 民族特色文化产业与产业集群发展

优劣势分析。政府和企业共同推动城镇化，以劳动力转移培训和吸纳村民进入企业就业的方式实现村民由第一产业向第二、三产业成功转型；以地震新形成的自然、人文景观和民族特色文化旅游等为核心打造的第二、三产业链带来整体经济发展的辐射效应，能够提高贫困人口的收入水平，如民族特色文化旅游发展、旅客增加，带来更多的商业机会，农民可以从事农家乐等休闲服务业；通过将老人和儿童纳入城镇社会保障体系，既解决了老人养老的后顾之忧，也部分缓解了家庭负担使其儿女能以更多的资金和人力投入到就业转型的过程中；另外，城镇化实现了农村公共服务与城市的对接，提升了村民享受社会服务的水平，改善了村民居住和生活的条件，村民融入城镇，在购物、消费上更加便捷。

城镇化模式的不足主要表现在：整村性的农业人口转向非农业人口，虽然劳动力转移培训和新建的民族工艺品企业为村民再就业提供了机会，但企业需求的岗位仍然不能满足转移出来的劳动力就业需求。因此，在城镇化过程中仍然存在某些转移出来但是仍没有找到好的就业机会的贫困农户。因此，城镇模式中还需要采取劳动力输出培训和政府提供就业信息等其他的扶贫开发方法；对于刚刚转移出来的农民来说，发展第二、三产业的风险远远要高于农业生产，转移出来的村民由于失去了农业社会保障的庇护，生活开支大大增加，极易走向新的城市贫困人群。

实用条件与可推广性。作为我国农村城市化的一条重要途径，城镇化实现了灾后重建与扶贫开发相结合，能够改善村民的居住条件和提高社区公共服务供给水平，通过一系列方式使得农民从第一产业向第二、三产业转型。城镇化的实施首先需要有城镇经济或者城市经济扩大发展。这种扩张性的发展一般是城市或者城镇灾后重建的经济重建带来的。城镇经济出现新的扩张性发展需要征用城镇周边的农村土地和吸纳村民进入企业工作。村民完全失去耕地，虽然改变了农户在农业上面临的自然风险和农业市场风险，但全部纳入城镇建设也增加了农民新的生活风险(比如就业风险、日常生活开支非农化风险等)。因此在进行城镇化的时候应当多方考虑尽量降低农户进入城镇新增的各种风险。农民就业、进城农民社会保障体系建设是城镇化过程中的难点，也影响了城镇化模式在灾后重建与扶贫开发相结合中的推广。

（二）灾后恢复重建与扶贫开发结合的典型案例

乡镇统一规划、整村推进，基础设施建设与产业发展相结合重建模式——以陕西省略阳县郭镇西沟村为典型案例

1. 村庄位置和自然条件

略阳县位于秦岭南麓，汉中盆地西缘，地处陕甘川三省交界地带，年平均气温 13.2 摄氏度，年平均降雨量 860 毫米。境内山大沟深，地质地貌复杂，自然灾害频发，经济发展相对滞后，农民收入增长缓慢。西沟村是略阳县郭镇下属的一个贫困村。该村位于陕西省汉中市略阳县西部边缘，与甘肃省康县交界，距略阳县城 42 千米处，距郭镇 1 千米处，最高海拔 2020 米，最低海拔 878 米，属于高寒地带。年平均降水量 800～900 毫米。西沟村全村总面积 16 平方千米，辖 4 个村民小组 235 户 1013 人，现有耕地面积 2053 亩，人均基本农田 1.2 亩。

2. 灾害冲击

汶川地震导致全村共坍塌房屋 12 户 57 间，严重危房 142 户 399 间，一般受损房屋 48 户 180 间，厕所圈舍 46 间，垮塌石坎梯地 140 亩，损毁人饮工程管道 9 处，受灾农户 202 户 869 人，造成直接经济损失 1315 万元，导致 154 户 625 人因灾返贫。灾害造成了农户建房债务压力大，偿还能力低。灾后重建中农户自筹的一部分重建资金不但耗费了农户原本不多的积蓄，还背负了银行的还贷压力。

3. 灾后恢复重建

西沟村是国家灾后恢复重建和扶贫开发相结合的试点村。在恢复重建和扶贫开发相结合过程中积累了很多宝贵经验，主要是乡镇政府的统一规划和整村推进的发展模式以及大力加强和完善农村基础设施建设和产业发展。西沟村恢复重建的完成除了要求村民积极配合和参与外，还需要政府的大力支持和帮助，具体表现在灾后恢复重建中对试点村的统一规划和整村推进以及加强资金、项目、组织、人力的捆绑和整合。

因地制宜，统筹确定重建项目。在规划实施过程中，乡镇政府本着尊重实际、区别对待的原则，统筹谋划，综合考虑贫困村灾后重建项目，将农户住房、基础设施、公共服务设施、产业项目、自我发展能力及环境整治等一并纳入规划重建项目建设内容。

整合重建资源，整村推进。强化资金监管。针对贫困村重建量大面广、资金缺口量大等实际问题，乡镇政府大力推行"三捆绑"（项目、资金、人力三捆绑）、"四结合"（坚持贫困村灾后重建与扶贫重点村建设和

移民搬迁相结合、与新农村建设相结合、与农业综合开发相结合、与行业扶贫和社会扶贫相结合)、"五到村"(水、电、路、通讯、广播电视到村入户)的贫困村灾后重建与扶贫开发工作新机制。遵照四个一点的原则筹集资金,即群众拿一点、银行部门贷一点、亲戚朋友借一点、政府补贴一点,有效地解决了建房资金问题。西沟村灾后恢复重建累计投入资金1744.2万元,其中民政建房补助资金462万元,移民资金109.2万元,天津援建基础设施项目资金86万元,其他资金67万元,灾后恢复重建中央包干资金100万元,农户自筹920万元。

统一步骤。在重建贫困村实施农户人居环境整治过程中,西沟村坚持因村制宜、科学规划,对移民集中安置点按照"五统一"要求(即统一规划设计、统一建设标准、统一拆除危房、统一房屋造型、统一整治环境),大力实施"一池"(配套沼气池)、"两建"(建住房、建庭院)、"三改"(改厨、改厕、改圈)、"四化"(燃料气化、户道硬化、庭院绿化、环境美化)项目。

加强组织管理与协调。灾区恢复重建工作的实施离不开强有力的领导班子。西沟村的恢复重建初期,就成立了由县政府主要领导为组长,县委、政府分管领导为副组长,相关部门负责人为成员的重点贫困村灾后恢复重建工作领导小组,并从县扶贫办抽调精干力量,组成了重点贫困村灾后恢复重建工作办公室,对实施重点贫困村重建项目乡镇,实行一名县级领导牵头、一个部门包抓、一班人员指导、一套班子落实的"四个一"工作机制,成为贫困村灾后重建得以顺利实施的最后保障。

4. 成效

西沟村在防灾减灾,灾后重建与扶贫开发结合中取得明显成绩,主要表现在防灾减灾项目和工程的修建、具备市场前景的可持续性发展产业的扶持、农户能力的提高和村庄组织的建设四个方面。

防灾减灾项目和工程加强。完成的防灾减灾项目和工程有:在地震中房屋坍塌和受到严重损害的农户基本完成房屋的重建和加固维修,新建住房抗震等级高,经济实用美观。西沟村新建移民安置点一处,23户房屋倒坍的村民从山上迁移下来,政府为集中安置点的农户统一建造新房,完成了"一池两建三改四化"项目。新建住房和环境整治大大提高和改善了农户的居住环境。恢复重建中由国家出资在西沟村河道上修筑了一条长达512.2米的防洪大堤,还修建了排洪沟3组276米,以抵制和缓解汛期雨水集中造成的水灾危害。此外,为方便村民外出和生产经营，恢复重建中原有的入村三米宽的石灰硬化道路加宽加长，现在全村硬化道路全程达到 5.5 千米。此外，西沟村还建立了防灾预警系统，随时可以关注当地的天气状况，一旦发生危险情况，预警信号会自动鸣叫告诫。总体来讲，灾后恢复重建以来，西沟村在完善原有的水、电、路基础设施建设上，基本完成"一池二建三改四化"工程。西沟村的防灾减灾工程基本完成并通过了统一检查和验收。

具备市场前景和可持续性的发展产业。西沟村村民种植了大量的经济作物，主要包括核桃、板栗、柴胡和中药材，目前已初具规模。种植核桃面积达到 541 亩，种植板栗 1160 亩，嫁接核桃达到 5400 多株，原生核桃还有 4000 多株，并成立了核桃示范园一处，优质嫁接的核桃生产目前年产值可达 20 万元以上。在中药材种植方面，发展杜仲 2235 亩，柴胡 1950 亩，并由村干部牵头成立了天麻种植基地。目前西沟村的中药材种植业已形成规模。生猪养殖专业合作社快速发展，并达到年出栏 200 头以上。截至 2009 年底，全村农民人均纯收入达到 3715 元，高于全镇平均水平(3033 元)。

农户能力的提升。灾后重建和扶贫开发结合中，注重强化劳动力技能培训和农业实用技术培训。政府在种植、养殖、外出务工方面给农户提供了很多优惠，以免费加补贴的形式为农户开展一系列相关技能培训，比如生猪养殖培训、优质核桃嫁接培训、木耳栽培技术培训、劳务输出技能培训等。农户的生产生活技能得到了很大提高，开始进行科学养殖、种植和管理，市场意识能力也得以提高。外出务工人员掌握了基本技术操作和劳务技能。

村庄组织建设功能提高。灾后重建和扶贫开发以来，村庄组织的整体协调、管理、运作能力有了明显提高，村庄组织变得更为完善和强大，不仅密切了干群关系而且提高了为村民服务的水平。村委会在讨论实施重大项目时能够更多地考虑多数村民的最大利益和最迫切需求，倾听群众的心声和建议；村民监督委员会能够更好地实施自己的监督职权，保证村务公开公正透明。除此之外在灾后恢复重建中，村庄还成立了互助资金合作社、生猪养殖合作社等。互助资金合作社鼓励村民积极入股参与，并向农户发放小额贷款，以帮助农户发展小型产业或解燃眉之需。生猪养殖专业合作社带动村民发展生猪养殖，提高经济收入。

108

5. 结论与思考

作为国家灾后重建和扶贫开发相结合的试点村，在恢复重建和扶贫开发中，西沟村基本完成灾后重建规划项目，扶贫开发取得阶段性成效。这为国家新阶段的扶贫开发和恢复重建提供了可供借鉴的发展模式和方式。总结起来，西沟村灾后重建和扶贫开发相结合取得良好成绩的一个很重要的经验就是以乡镇政府为单位，对灾后试点村重建工作进行统一规划以及采取整村推进的方式，重点加强试点村的基础设施建设和产业扶持。

统一规划和整村推进的重建和扶贫模式使得重建工作有了统一的方法和步骤，重建项目在科学规划的指导下有序合理地推进，并且统一规划和整村推进的模式最大限度地整合重建资源，实行重建资金、人力、项目的捆绑，集中重建资源和调动群众资源共同参与到灾后重建工作中来，达到重建资源的优化配置。试点村的重建工作获得国家和政府的一致认可和好评。

灾后重建，要充分考虑农户的最大需求。农户最先也是最急迫的要求的就是建房，其次就是基础设施建设。当这两者都完成的时候就是考虑贫困村的产业发展方面了。在这方面当地政府创造了灾后恢复重建和扶贫开发相结合的新机制，在实施灾后重建，完善基础设施建设的同时关注贫困村的产业扶持。西沟村作为政府的重建和扶贫结合试点村，它有自身的优势，村民居住相对集中，而且村内基础设施建设基本完成，这样才能为村内产业发展和村庄发展奠定良好的物质基础，同时村庄产业扶持目前已经初具规模和初显效益。对比西沟村，我们可以看到郭镇很多贫困村的基础设施建设还很落后，以铧场沟为例，灾前这个村子就已经是多年的小康村，可是这个小康村的基础设施建设是滞后的，很明显的就是入户道路不通，便民桥缺失，很多农户一到雨季河水上涨时无法出行。同时村民集中居住地和农田集中区地势低，由于缺乏防洪设施，河水漫灌农田和住房的现象时有发生。此外，村里还有几里山路没有修成公路，散落着30多户羌族农户，他们的住房建设、人居环境建设都很落后。所以我们认为对贫困村的灾后重建一是要满足居民的建房需求，可以适度进行移民集中安置；二是加强农村基础设施建设，改善人居环境。

基础设施建设和产业发展相结合，这是新时期灾后恢复重建和扶贫开发的一个可取经验。加强基础设施建设为产业发展打下了良好的物质基础和根基。我们恢复重建和扶贫开发的最终目的是要农户脱贫致富，而要达到这个目的就得增加农户的收入。扶持贫困村的产业发展，培植适合当地的特色产业，利用当地自然优势资源发展产业，不仅有利于产业的发展和壮大，而且也可以为当地村民创造经济增长点，提高村民收入水平。西沟村的产业发展将会依托当地的规模化种植，加强管理和相关人员的技术培训，结合郭镇的集市发展，建立一定规模和组织的中药材、核桃、板栗的批发零售集散地。同时，生猪养殖也将以合作社为单位进行生猪远销，获取更多利益。

第五章 专项扶贫与防灾减灾的结合

一、专项扶贫基本情况

专项扶贫是指专门针对贫困人口和贫困问题而设计实施的开发式扶贫政策措施。20世纪80年代初期，国家开始启动实施的"三西"农业建设计划、以工代赈计划乃专项扶贫之滥觞。此后，所谓专项扶贫是指依托发展资金、以工代赈资金、少数民族发展资金、"三西"农业建设专项补助资金、扶贫贷款贴息资金等财政专项扶贫资金而组织实施的扶贫工作。2011年，中共中央、国务院颁布实施《中国农村扶贫开发纲要（2011—2020年）》，正式将扶贫开发工作划分为专项扶贫、行业扶贫、社会扶贫等三大块，其中专项扶贫主要包括易地扶贫搬迁、整村推进、以工代赈、产业扶贫、就业促进等内容。鉴于就业促进旨在通过职业技能教育和培训等手段促进贫困人口转移就业，与防灾减灾的关联比较弱，本章主要就易地扶贫搬迁、整村推进、以工代赈、产业扶贫等与防灾减灾的结合进行讨论。

二、易地扶贫搬迁与防灾减灾

（一）易地扶贫搬迁的原因和目的

中国尚未解决温饱问题的农村贫困人口大部分集中分布在深山区、石山区、高海拔地区以及荒漠化严重地区等特殊类型地区。这些地区自然条件差，基础设施建设难度大、成本高，基本公共服务水平低，自然灾害易发多发，产业发展空间小，贫困发生率高、贫困程度深。就地推进扶贫开发不仅经济成本高，而且扶贫效果差，返贫问题严重，对生态环境构成的压力大。针对这些地区的贫困人口，最有效的办法就是实施易地扶贫搬迁。

易地扶贫搬迁就是有组织地安排生存条件恶劣地区贫困人口举家搬离，摆脱迁出地自然条件的约束，迁移到另外的地区，走上脱贫致富道路。

(二)搬迁区域、对象的选择与防灾减灾

1. 搬迁区域选择与防灾减灾

按照《中国农村扶贫开发纲要(2011—2020 年)》的要求，易地扶贫搬迁对象应为生存条件恶劣地区扶贫对象。何谓生存条件恶劣地区？自然灾害是最重要的评价标准之一。对于自然灾害比较严重的地区，反复发生的灾害不仅是致贫的重要因素，而且会导致或加剧这些地区人口与资源环境的紧张关系，从而容易出现灾害、贫困和资源环境之间的恶性循环：自然灾害导致贫困加剧，贫困迫使当地居民不合理和过度开发利用资源环境的行为增多，开发利用行为增多导致环境退化及抵御自然灾害能力减弱，环境退化及抵御自然灾害能力减弱致使灾害增多或灾害发生后破坏性增大，灾害增多或灾害破坏性增大导致因灾致贫返贫问题进一步凸显，如此往复。易地扶贫搬迁要把打破这种恶性循环作为优先目标，把这些地区作为重点工作区域。可以说，易地扶贫搬迁是推进专项扶贫与防灾减灾相结合最直接的领域。

2. 搬迁对象选择与防灾减灾

易地扶贫搬迁对象主要是指搬迁区域的扶贫对象。例如，在《甘肃省人民政府办公厅关于印发甘肃省易地扶贫移民搬迁试点工程管理办法和易地扶贫移民试点工程竣工验收办法通知》中，将搬迁对象分为 3 类："一是国家扶贫开发工作重点县及省上确定的扶贫开发重点乡中生活在自然条件恶劣、基础设施落后、缺乏基本生产生活条件、扶贫成本过高、就地脱贫无望区域和年人均纯收入在国家规定贫困线以下的农牧民；二是生活在水源涵养林区、省级以上自然保护区、风沙沿线受荒漠化威胁严重地区，退牧还草工程禁牧区等生态位置重要、生态环境脆弱地区，土壤侵蚀模数长江上游在 2000 吨/平方千米·年以上、黄河中上游在 5000 吨/平方千米·年以上区域的农牧民；三是生活在地质灾害频发、生命财产安全受到严重威胁地区需要避险搬迁的农牧民。"[①]江西省易地扶贫搬迁的对象为"居住在深山区、地质灾害区、自然保护区等缺乏基本生存条件或受地质灾害严重威胁或因生态工程建设需要搬迁的贫

---

① 《甘肃省人民政府办公厅关于印发甘肃省易地扶贫搬迁试点工程管理办法和甘肃省易地扶贫搬迁试点工程竣工验收办法的通知》，甘肃扶贫信息网，http://www.fupin.gansu.gov.cn/zwzx/1305688276d30984.html。

困人口"①。云南省易地扶贫搬迁"十一五"规划确定的搬迁对象包括："(1)居住地人口过多，人地矛盾突出，坡度在 25 度以下的基本农田地人均不足 0.3 亩，无可供开垦利用的宜农土地资源，通过农田、水利建设也难以就地解决温饱的区域；(2)居住在气候环境恶劣，海拔高于 2500 米，无霜期不足 100 天，不适宜农作物生长的高寒冷凉山区；(3)生活在生态位置重要、生态环境脆弱或石漠化严重(达 30% 以上)、干旱缺水岩溶地区的农村贫困人口；(4)解决通路、通电、通电话、人畜饮水问题等基础设施建设成本高，人均投资费用超过 3 万元以上，难以就地解决温饱问题的贫困人口；(5)生活在地震、洪涝、滑坡、塌方、泥石流等地质灾害频发，生命财产受到严重威胁地区的农村贫困人口。"②可见，防灾减灾是确定易地扶贫搬迁对象的关键因素。

(三)搬迁目的地的选择与防灾减灾

为了使搬迁对象能够尽快适应安置地环境，搬迁目的地通常优先考虑与迁出地地理环境相似的区域。因此，异地扶贫搬迁主要以近距离的县内搬迁为主。在确定具体迁入目的地的过程中，要对迁入地进行系统的资源环境承受能力及灾害评估分析。首先是居民点选址要有防灾减灾意识，杜绝选择地震断裂带或山洪、泥石流、塌方等地质灾害多发易发区建设移民居住点。其次是产业发展灾害风险的规避。搬迁目的地发展产业的条件应明显好于迁出地，其遭受自然灾害的风险应明显低于迁出地。此外，搬迁目的地还必须是水土资源较为丰富，基础条件较好，基础设施较易建设，人口与资源环境关系较协调，能够满足搬迁群众生产生活需要，并能通过发展实现搬迁群众脱贫致富的地区。

(四)新家园建设与防灾减灾

易地扶贫搬迁安置方式主要有两种，一是集中安置，二是分散安置或插花安置。对于集中安置来说，搞好安置点新家园建设是重点，也是难点。新家园建设主要包括两个方面：一是安置点生产生活设施，包括安居房、人畜饮水设施、基本农田水利设施以及必要的教育、文化、卫生设施等建设；二是安置地生计发展。要结合安置区域地理环境和地质

---

① 《江西省以工代赈易地扶贫搬迁试点工程管理办法》，赣发改地区字[2009]1856 号，http://www.jgsfp.com/html/lm_78/20100913113630.html。

② 《云南省易地扶贫搬迁"十一五"规划》，云南省政府信息公开网站，http://km.xxgk.yn.gov.cn/canton_model17/newsview.aspx? id＝130708。

灾害发生情况，做好防灾减灾工作，兴建防灾减灾设施。例如，安置房建设要注意考虑防震、防洪需要，提高抗灾能力。

三、整村推进与防灾减灾

(一)整村推进的原因和目的

进入 21 世纪以后，中国农村扶贫开发迎来了新的挑战。一是贫困人口日益分散和扶贫投资效益下降。到 20 世纪 90 年代末，随着农村贫困人口的减少，剩余贫困人口分布呈现出"大分散，小集中"的新特征。自 1986 年以来以贫困县为扶贫资金投入单位，以农村扶贫项目为手段的扶贫工作方式开发建设内容单一、效率低下，难以直接瞄准贫困人口等问题日益突出。592 个国家贫困县覆盖的农村绝对贫困人口占农村总贫困人口比重逐年下降。2000 年，生活在贫困县的绝对贫困人口仅占全国贫困人口的 54.3％，有近一半的贫困人口生活在非贫困县[①]。二是贫困人口参与度低。以贫困县为基本单位的区域开发扶贫容易形成自上而下的工作格局，即政府通过大型项目投资开发当地资源和改善投资环境，拉动贫困地区经济增长，促进贫困人口就业与收入增加。项目全过程常常都由政府安排，贫困人口直接参与度低，久而久之，贫困人口产生了"等、靠、要"的依赖思想，不利于增强其自我积累和自我发展能力。

为应对上述挑战，在财政专项扶贫资金数量有限、大扶贫格局尚未形成的情况下，国务院扶贫办逐步形成了以贫困村庄为瞄准单元的扶贫新思路，即遴选确定贫困村，以整村推进扶贫规划为切入点，开展参与式整村推进扶贫[②]。整村推进旨在利用较大规模的资金和其他资源，帮助贫困村在较短时间内提高基础设施、公共服务设施、生产生活设施、产业发展状况等方面的整体水平，推进这些方面相互协调配合并取得较大综合效益，提高贫困社区和贫困人口的综合生产能力及其抵御各种风险的能力[③]。

---

① 国家统计局农调队. 中国农村贫困监测报告 2000[R]. 北京：中国统计出版社，2001.

② 杨军. 整村推进扶贫模式探析[J]. 农村经济，2007(4).

③ 张磊. 中国扶贫开发政策：1949—2005[M]. 北京：中国财政经济出版社，2007.

（二）整村推进和社区防灾减灾设施建设

整村推进的具体建设项目是由贫困村村民参与制定并通过可行性论证的村级扶贫规划确定的。这些项目涉及村庄道路、生产生活设施、公共服务设施以及产业发展等方面，硬件设施投资在总投入中占有较大比重。推进整村推进与防灾减灾相结合，要求在制定和实施整村推进规划时，纳入防灾减灾意识，即规划和建设内容要有灾害风险评估及应对措施。例如，在贫困村道路项目设计和建设中，应有排洪管道，应在易滑坡路段建设挡板墙等防护设施等；在水库、山坪塘等农田水利设施项目建设中，应考虑防洪需要加固堤坝并增设多个出水口等；在村小学、卫生室、村民活动室建设中，应按照当地防震等级要求进行规划设计与建设等。此外，应在平坦的高地(高坝)增设自然灾害紧急避难场所等应急设施。

（三）整村推进和社区防灾减灾组织能力建设

整村推进扶贫开发方式是新世纪中国农村社区综合扶贫的重要措施，同时也是农村社区快速发展和建设社会主义新农村的重要手段。自然灾害对贫困村社区居民生命和财产安全的危害是不言而喻的。强大的社区防灾减灾组织能力，能够在自然灾害发生后有效减少村民生命财产损失，降低因灾致贫返贫几率。加强村级自然灾害应急演练和提高群测群防能力等应成为中国贫困地区特别是自然灾害易发多发贫困地区的整村推进扶贫项目的重要内容之一。

专栏 5-1

马口村村级自然灾害综合应急演练

"红桐树岩出现裂缝，随时可能有滑坡，听到广播后请赶快往长方梁转移。请大家抓紧时间，不要惊慌，注意安全!"12 日下午两点，四川省广元市三堆镇马口村警报声骤然响起。村民们来不及关好门窗，一个个扶老携幼，匆匆赶往长方梁集中安置点……

这是马口村正在进行的一场应急演练，也是四川省第一次在农村社区进行的应对自然灾害应急演练。

马口村地处四川盆地北部边缘，是滑坡、泥石流等地质灾害高发区。特别是"5·12"地震后，山体松动，极易发生地质灾害。2010 年 7月，农村社区减灾模式项目组(联合国开发计划署"早期恢复和灾害管理项目的子项目"）一行来到马口村进行调研，就自然灾害危险性、社区脆弱人口与财产分布、社区应急组织能力和社区居民防灾减灾意识等方面进行了问卷调查和访谈，发现马口村是一个高风险、高脆弱性、设防能力低的农村社区。项目组根据自然灾害风险评价结果，与乡镇相关预案相衔接，参考村干部及村民代表的意见后，编制了《自然灾害救助应急预案》，并组织演练。

当天演练的科目是：由于连日的大到暴雨，造成马口村红桐树岩随时可能发生滑坡、泥石流，村镇两级针对实际情况制定了救灾应急预案，迅速转移危险区内 30 户村民。从灾情监测到人员撤离，从外围驰援到就近安置，从三级响应到一级响应，每一个环节都进入"实战"状态，村民们全程参与。此次演练，在最真实客观的场景下，对灾害来临时村里的监测、应急响应、转移安置等情况进行了实景模拟演练。

此次自然灾害应急演练的成功举行，对规范当地救灾工作，建立健全突发重大自然灾害紧急救助体系和运行机制，合理配置救灾资源，迅速、高效、有序处理自然灾害事件，最大限度减少人员伤亡和财产损失，提高当地村民自然灾害紧急救援能力，保障灾区人民的基本生活等方面起到了很好的推进作用。

资料来源：广元市利州区人民政府网（http://www.lzq.gov.cn/NewsView.asp? ID=84）。

四、以工代赈与防灾减灾

（一）以工代赈的目的和实施方式

以工代赈计划开始于 1984 年，一直由国家发展和改革委员会负责管理和实施。与直接救济不同，以工代赈是指政府投资建设基础设施工程，组织受赈济者参与工程建设并支付劳务报酬的一种扶持政策[①]。以工代赈项目旨在通过利用农村剩余劳动力，改善贫困地区生产生活条件，并为贫困人口提供短期就业机会和收入来源。

以工代赈计划以贫困地区经济发展和农民脱贫致富相关的农村小型基础设施为建设重点，具体内容主要包括县乡村公路、农田水利、基本

---

① 《国家以工代赈管理办法》第一章第二条。

农田、草场建设、小流域治理等①。以工代赈项目建设所需要的劳动力有两种：技术工人和普通工人。技术工人在以工代赈计划实施前期主要由石匠、木匠和铁匠等具备传统技艺的农村居民组成，后期则主要为专门的工程承包队；普通工人主要从事移动土石等体力劳动，从工程所在地招募农民组成。以工代赈项目工程的体力性劳动(相对于技术性劳动而言)一般由工程指挥部承包给附近的村民小组，村民小组再按照每户劳动力数量将工程任务分配到户。以工代赈的劳动报酬分为以实物形式为主和以资金形式为主两种类型。1984 年至 1995 年间是以实物形式为主的阶段，具体实物包括粮食、棉花、布匹和中低档工业品等。使用粮食、棉花和布匹作为发放品时，参加者直接领取实物；使用中低档工业品时，参加者领取与对应于一定额度人民币的工业券，到本县国营商业、农机、物资部门下属商店和县、乡供销社购买商品②。1996 年开始使用现金支付，组织形式与以实物形式为主的阶段一样，不同的是参加者的劳动报酬根据当地农民收入水平确定，并以现金形式发放。

(二)以工代赈与贫困地区防灾减灾设施建设

如前所述，以工代赈计划将改善贫困地区基础设施作为项目资金投放目标。在相当长一段时间内，由于贫困地区亟需建设的基础设施很多，防灾减灾设施在其中并不占据特别重要的位置。随着扶贫开发工作的深入推进，常规基础设施逐渐完善，贫困人口逐步减少，灾害易发多发地区贫困问题渐趋突出。特别是新世纪以来，自然灾害明显增多，因灾致贫返贫问题在扶贫开发工作中的影响越来越大，贫困地区防灾减灾设施建设显得日益重要。以工代赈计划修建的一些生产生活设施由于当初设计或建设时没有充分考虑防灾减灾需要，受到自然灾害破坏，有些甚至成为自然灾害次生灾害隐患，威胁群众生命和财产安全。例如，一些水库和山坪塘，建设时没有考虑到防御暴雨洪涝灾害的排水泄洪岔口和渠道，遇到洪水暴发，就会成为下游群众生命和财产安全的严重威胁。因此，在自然灾害发生趋于频繁的背景下，以工代赈计划中的项目设施建设应增加防灾减灾设计，使这些设施能够有效抵御自然灾害冲击，减轻灾害发生带来的损失。更重要的是，以工代赈计划需要根据当前农村扶贫开发形势的变化，将贫困地区农村防灾减灾专用设施建设作

---

① 《国家以工代赈管理办法》第一章第五条。
② 朱玲. 论贫困地区以工代赈项目的受益者选择机制[J]. 经济研究，1993(7).

为投资重点，因地制宜地建设针对不同类型自然灾害的防灾减灾设施，从而大力提高贫困地区防灾减灾能力。

五、产业扶贫与防灾减灾

(一)产业扶贫概述

产业扶贫是增强贫困地区和贫困人口造血功能和自我发展能力的必由之路。产业扶贫主要包含两方面内容：一是选择并做大做强产业，即做大蛋糕；二是保障贫困地区和贫困人口充分分享产业发展收益，即分好蛋糕。具体来说，做大并分好蛋糕涉及三个环节：

1. 产业选择

选好产业是做大并分好蛋糕的前提。首先要考虑生态环境和资源条件，选择环境友好且具有本地资源特色的产业。其次要考虑市场前景，选择具有市场潜力和竞争优势的产业。再次要考虑要素构成，优先选择劳动密集型等能够为贫困人口带来就业机会和增收途径的产业。

2. 经济组织建设

经济组织建设是做大并分好蛋糕的基本途径。首先是要通过经济组织建设解决市场竞争力问题，即通过组织化克服分散经营的农户在参与市场竞争时面临的各种劣势，具体涉及合作社、龙头企业等产业组织的建设。其次是要通过经济组织建设解决贫困人口的利益保障问题，即通过组织化克服贫困农户在参与产业发展和分享产业化收益时面临的各种劣势，具体涉及建立健全企业、合作社等经济组织带动贫困人口脱贫增收的利益联结机制等。

3. 扶持措施

扶持措施是做大分好蛋糕的重要保障。首先是要支持贫困人口开展能力建设，提高其参与产业发展的能力，如农村实用技术培训、劳动力转移就业培训等。其次是要扶持贫困地区产业发展，改善其产业发展环境，如通过制定财税、金融、投资、土地等方面优惠政策改善贫困地区投资环境。

(二)将防灾减灾纳入产业扶贫的必要性

农业是产业扶贫的主要领域。农业生产对象是有生命的植物、动物和微生物，直接受光热、降水、土壤等自然条件制约，因此农业是受自然灾害影响最大的产业，是典型的风险产业。将防灾减灾工作纳入产业扶贫，即发展防灾减灾产业，是产业扶贫的必然要求。

1．提高贫困农户投资的积极性

随着农业产业化和现代化程度的提高，农业生产经营所需投资越来越多，种子、化肥、农药等原材料需要购买，播种、收割和喷洒农药等环节的劳动越来越依赖于市场雇佣劳动，扩大播种面积所需土地需要支付流转费，等等。由于面临巨大自然灾害风险，且资金处于更稀缺的状态，贫困地区和贫困农户增加农业投入的积极性往往更低。这样就导致投资和贫困之间的恶性循环：贫困致使带有较大风险的农业投资受到抑制，缺乏投资的农业难以提高产出并进一步强化贫困状态，如此往复。因此，将防灾减灾工作纳入产业扶贫之中，提升农业产业防灾减灾能力，能够降低农业投资风险，提高贫困农户农业生产经营投资的积极性，为产业扶贫开辟道路。

2．降低因灾致贫返贫风险

对于贫困地区普通农户来说，农业投入越大，因灾致贫返贫的可能性就越大。事实上，自然灾害风险和产业扶贫构成了一对矛盾。产业扶贫要求增加农业生产经营投入，而增加投入意味着增加了因灾致贫返贫的风险。因此，大力提高农业产业的防灾减灾能力，有助于防止产业扶贫走向其对立面。

（三）培育和发展防灾减灾产业的基本途径

一般而言，具有防灾减灾能力的产业包含了两层意思，一是在遭受自然灾害特别是常见自然灾害时，能不受损失或者少受损失，如在高寒地区发展耐寒产业，在干旱地区发展耐旱产业等；二是能缓解经济活动与资源环境之间的紧张，促进环境改善和生态优化，减少自然灾害的发生。培育和发展防灾减灾产业可以从技术和制度两条途径入手。

1．培育和发展防灾减灾产业的技术途径

通过应用先进适用技术和加强防灾减灾设施建设，提高防灾减灾能力。例如，针对旱灾可以使用机械化苗期注水灌溉技术，解决苗期干旱缺水，缓解旱情，促进作物正常生长；可以使用振动深松蓄水保墒技术改善土壤结构，涵蓄天然降水，蓄水保墒，调节土壤水、肥、气、热条件，为作物生产提供良好的生存环境；可以使用抗旱保水剂，发挥其遇水可以吸收自身重量几十倍到几百倍的水分并逐步释放供作物利用的功效，提高土壤蓄水能力和作物抗旱能力。又如，修建防水工程设施可以降低农作物被淹面积，减少洪涝灾害对农作物的冲击；在旱灾多发区建设雨水集蓄设施，提高自然降水利用效率，可以增强抗旱能力。再如，

119

依托智能温室，发展设施农业，可以减少干旱、低温等异常天气对农业生产的影响。

通过产业结构调整，提高耐灾作物种植面积。例如，在低坡丘陵地区，改粮食作物种植为木本油料种植，既能增强抵御洪水、泥石流等自然灾害的能力，减少因灾造成的农业损失；又能提高水土保持和水源涵养能力，减少泥石流、塌方等自然灾害的发生。

专栏 5-3

常见农业抗旱减灾技术及设施建设

一、振动深松蓄水保墒技术

（一）主要功能：改善土壤结构，涵蓄天然降水，蓄水保墒。同时，机械整体振动式作业可降低拖拉机牵引阻力 20％以上，节能、环保。

（二）技术要点：1. 技术核心产品是多功能振动式深松机。该机械由振动源、传动系统、减振系统、牵引系统、机架及深松铲组成，能够明显改善土壤的物理性状，增加通透性，提高涵蓄天然降水的能力，增加"土壤水库"库容；2. 在不打乱土壤上下层位的前提下，使土壤深松，并重新组合土壤团粒结构，调节土壤水、肥、气、热条件，为作物生长提供良好的生存环境。

二、田间起垄覆膜集雨技术

（一）主要功能：垄上覆膜技术一方面降低了土壤水分的蒸发，另一方面通过改变局部地形，使降水实现了再分配，将有限的降水汇集在作物生长的区域内，满足作物生长发育的需要，提高了利用效率。该技术使集雨率高达 80％～87％。

（二）技术要点：1. 整地起垄。按照常规种植方式进行整地、起垄，起垄过程中尽量将大的土块放在垄底，垄的上层土壤尽量采用细土，以便覆膜，根据作物的不同和降水量的差异调整沟垄比例。种植玉米、马铃薯等作物的垄宽控制在 50～60 厘米，垄高 10～15 厘米；垄沟的宽度控制在 60～70 厘米。种植小麦的垄宽控制在 50～60 厘米，垄沟宽度控制在 120～150 厘米，垄高 10～15 厘米；2. 垄上覆膜。起完垄后，用铁锹等农具拍打土垄，使土垄表面平整，用铁锹在垄的两侧沿垄的方向挖 10 厘米左右的小沟，开始覆膜，将膜紧密贴在垄上，并将地膜的边缘埋在小沟内；3. 施肥播种。覆膜完成后，开始施肥，施肥种类与施肥量同其他种植方式。然后，在垄沟内播种。作物的后期管理同其他种植方式。

三、西南山地丘陵集雨节灌技术

（一）主要功能：该技术重点解决山丘区地形复杂，田块较小而分散，交通不便，且坡耕地水土流失严重、水源少而分散的问题。该技术可增产 10%～20%，产值提高 15%～20%。

（二）技术要点：1. 微小型水利工程集雨开源。结合坡改梯工程和土壤改良，进行坡面水系治理，根据地形和集雨面积，系统地搞好"三沟"（截流沟、边背沟、排洪沟）、"三池"（蓄水池、积肥池、沉沙池）、山坪塘等微、小型水利工程为重点的坡面水系治理配套工程；2. 低压管道输水。在有条件的地方，可根据旱情需要，通过提灌将低处的集水抽到高位蓄水池，再采用固定的低压管道对各丘体位置相对较低的蓄水池进行水源补充，能有效地解决土渠输水损失大和山丘区"土高水低"的问题；3. 高效节灌。在微、小型水利工程集雨开源技术基础上，针对不同作物，可根据自然水压因地制宜采用微灌、喷灌和浇灌等不同的节灌方式；也可采用移动式多功能喷灌机，充分利用山丘区各种小水源进行移动式喷灌和浇灌。

四、土壤保墒剂

（一）主要功能：用于大田直播后喷施以提高种子出苗率，用于移栽后喷施可提高幼苗成活率；减少盐分在地表的累积，减轻对农作物的危害；增加土温而有利于植物根系的生长；改善土壤结构，防止水分流失，促进农作物生长，提高产量。

（二）技术要点：1. 喷土覆盖。增温保墒剂需在用水稀释后喷施土表封闭土壤，所以用量较大。每公顷全覆盖用量为原液 80～100 公斤，加水 5～7 倍稀释，先少量多次加水而后大量加水至所需浓度，经纱布过滤后倒入喷雾器即可喷施地表。若先用清水喷施土表使其湿润后再使用，则更加有利于制剂成膜并节省用量。对于小麦这类条播作物喷剂时只需喷施播种就行，不必对土壤进行全覆盖，也同样能取得好的效果；2. 混施改土。可促进土壤团粒结构的形成，尤其是对土壤水稳定性团粒结构作用明显，有利于保持水土；3. 渠系防渗。用沥青制剂喷于渠床封闭土壤可大大减少水分渗漏损失。在渠系表面或 15 厘米处喷施沥青制剂每平方米用量 80～110 公斤，处理比对照渗漏率减少

31%～39%；4. 灌根蘸根。对于一些育苗移栽作物除了喷土覆盖外，也可以采用土壤保湿剂乳液直接灌溉，浓度比为1∶10。也可用此浓度乳液蘸根包长途运输再移栽，用以减少蒸腾保证成活率；5. 刷干保护。对移栽的果树类作物和林木树干，可用制剂乳液喷涂刷干，通过膜层保护减少蒸发防寒防冻，保护苗木安全越冬并防止早春抽条。

五、抗旱保水剂

（一）主要功能：遇水可以吸收自身重量几十倍到几百倍的水分，并逐步释放供作物利用。可以提高土壤的蓄水能力和作物抗旱能力。在抗旱保苗和调理土壤结构方面，作用比较突出，比打井抗旱、拉水点浇抗旱的投入少。作为生产的一个前期环节，可以避免遇到干旱时束手无策。

（二）技术要点：1. 种子处理。即在待播种子表面形成水凝胶的保护膜层；2. 幼苗处理。用农用保水剂分散体蘸根，适用于育苗移栽作物；3. 育苗培养基质处理；4. 土壤直接施用。

六、抗旱播种方法

（一）主要功能：保障作物功能出苗，同时保障苗全、苗匀。

（二）主要内容：1. 浇水点种。先挖好窝，在窝里浇水，然后把种子点在窝里，用土覆盖；2. 垄沟播种。先犁开一条较深的沟，将种子播到湿土上，再撒上湿土轻轻拍实，然后盖一层细干土，以利保墒。适宜糜子、谷子等作物；3. 引墒播种。播种前3～4天打碎土块，用石磙镇压一次，在早晨地皮退潮时播种，随播随搪，防止跑墒，2～3天后再搪一次，使下层水分逐渐上移，以便发芽出苗。适用于土块大、底墒差的地块；4. 秸秆放种。把玉米秆或高粱秆铡成3～5厘米长的短节，放在水里浸泡，同时将种子在温水中催芽，等种子胚根刚顶破种皮时，捞出浸泡的秸秆，放人种子，然后下种。种子的胚芽从秸秆中吸取水分，很快出苗；5. 漫种催芽。播种前将种子浸泡，待种子吸足萌发所需要的水分后捞出，盖上麻袋等物闷种，第二天即可播种。对于土壤墒情极差，无条件进行人工浇水的地块，不适宜此法；6. 育苗移栽。在距大田较近的地块先育苗，等下雨后移栽。适宜玉米、瓜类等大粒种子作物；7. 舍籽播种。通过增加播种量即每亩地播种量比正常情况下增加30%左右，以提高出苗率，确保足苗；8. 抢墒播种。对一些土壤原有墒情较好、能够确保出苗的地块适时抢墒早播实现抓全苗。这样的地块要不失时机地抢墒播种，主要是抢墒播种玉米等；9. 抗旱座水种。到春播季节，利用抗旱井、河水和村屯内的井水在适宜的播种期内进行抗旱座水种。在座水种时，可采取直接播种或催芽播种，无论采取哪一种办法，水都要浇透、浇足，确保抓全苗。播后要及时覆土、镇压，提温保墒。抗旱座水种适用于各种旱田作物，是一项确保高产的技术措施；10. 地膜覆盖技术。地膜覆盖有增温、保墒、灭草、保肥、抗灾等作用，是旱作地区播种抓全苗和提高产量的重要技术之一，在播种时采用地膜覆盖。采用地膜覆盖技术时要注意选择适宜地块和品种，精细整地，施足底肥，足墒播种，化学除草和压严地膜，并及时引苗等；11. 双水保苗技术。对旱情特别严重，且有水源或机井的地块，可采取双水保全苗技术。方法上采取播前汇地，播种时沟内适当补水，确保苗全苗齐；12. 化学措施。一是采用抗旱型多功能广谱种衣剂进行种子包衣处理；二是采用抗旱剂进行种子处理、蘸根和苗期叶面喷施等；三是采用保水剂进行土壤处理等；13. 机械抗旱播种。采用机械方法将固定量的种子和化肥，按照农艺要求位置分别播、施在土壤中，株距均匀深浅一致，并覆以相同厚度的土，给予适度的镇压。此种方法是旱作农业地区中耕作物最基本的播种方法。

七、西南丘陵区玉米膜侧抗旱栽培技术

（一）主要功能：前后作物的间套共生与土层浅薄加剧了干旱缺水和全膜覆盖玉米根系早衰的问题。据研究，该技术使玉米平均水分利用效率比传统露地栽培提高了 0.26 公斤/方，平均每亩节约用水 39 方。在干旱情况下比传统露地直播增产 33.39%，比直播覆盖全膜增产 25.04%，比露地移栽增产 17.65%，比全膜移栽增产 8.9%。同时该技术比全膜覆盖每亩节约成本 55 元，农民每亩新增纯收益 107.8 元。

（二）技术要点：1. 规范开厢。秋季小麦播种时，规范开厢，实行"双三0"、"双二五"、"三五二五"中带种植或"双五0"、"双六0"种植，预留玉米种植带；2. 沟施底肥和底水。玉米播种或移栽前，在玉米种植带正中挖一条深20厘米的沟槽（沟两头筑档水埂），按亩施过磷酸钙50公斤、尿素10.5公斤、原粪1000公斤兑水500公斤作底肥和底水全部施于沟内；3. 小垄双行。结合沟施底肥和底水后复土，挖一个高于地面 0.6 尺，垄底宽 1.2—1.5 尺的垄，垄面呈瓦片型；4. 待雨盖膜。在春季持续 3—5 天累计降雨 20 毫米或下透雨后，立即将幅宽 1.2—1.5 尺的超微膜盖在垄面上，并将四周用泥土压严，保住降水；5. 膜际栽苗。将符合要求的玉米苗移栽于盖膜的边际，每垄 2 行玉米。

八、雨水集蓄设施建设技术

(一)主要功能：通过建设集雨系统，实现水分高效、合理使用。

(二)技术要点：1. 集雨系统的构成。一个完整的蓄水窖(窖)系统由主要集水场、引水沟、沉沙池和蓄水窖(窖)四部分组成；2. 各构成部分的主要特点。具有一定面积的山坡、道路、庭院、场院或屋顶、温室都可作为集水场，也可以人工修建集水场。年降水量在 250～600 毫米的地区，一个容量为 50～60 立方米的水窖，需要集水场 1.2～2 亩，集水场要平整光滑，以减少泥沙。沉沙池与蓄水窖(窖)之间的引水沟要用水泥抹光，以减少泥沙进入水窖(窖)。沉沙池一般长 2～3 米，宽 1.5～2 米，深 1 米，高于进水口，距窖口 2～3 米，以防渗水造成窖壁坍塌。蓄水窖形状和尺寸由于区域条件差异而不同，多像水缸或暖水瓶，由水泥砂浆修筑而成，也可以用胶泥。容积一般在 50～60 立方米，蓄水窖要修建在集水场附近，力求进水和用水方便。灌溉用水窖，应修在灌溉田附近，并尽量高出田块，以便于自流、倒吸虹和提水灌溉；3. 其他设施和注意事项。需要修建配套拦污栅、进水管、消力设施等，拦污栅设在高于沉沙池底 0.5 米处，位置在进水管的前面。窖口井台一般高出地面 0.3～0.5 米，平时要封闭，可安装井盖或引水提水设备。消力设施是为减弱水对蓄水窖的冲刷而设置的水泥板或石板；4. 材料。一般情况下，修建 50 立方米水窖需要开挖土方 104 立方米，填方近 30 立方米，钢筋 40 公斤，水泥 1 吨，石子 0.4 立方米，沙子 2.4 立方米，防渗剂 24 公斤；5. 施工程序。在窖址处开挖窖盖性状的土模并抹光—在土模上架放钢筋—浇抹水泥窖盖—洒水养护 21 天—在水泥窖盖上回填湿土并夯实—从窖口处开挖窖体并自上而下进行窖体防渗处理直至成型后灌少量水并封闭窖口。

资料来源：贵州省万村千乡网(http://www.gzjcdj.gov.cn/wcqx/detailnew.jsp? id=372168)。

2. 培育和发展防灾减灾产业的制度途径

制度途径主要有建立健全农业保险制度、产业链风险分担制度以及生态补偿机制等。

(1)建立健全政策性保险和商业性保险相结合的农业保险制度。农业是弱质和弱势产业,生产周期长、回报率低、受自然条件影响大,存在自然和市场双重风险。中国是一个农业大国,同时也是农业灾害十分频繁的国家,农业生产面临的自然风险和市场风险问题尤为突出。农业保险作为农业发展的稳定器和风险防火墙,对于农业产业化具有重大意义。改革开放以来,中国农业保险经历了80年代的蓬勃发展期(1982—1992年)、90年代的萎缩徘徊期(1993—2003年)以及新的探索与发展期(2004至今)。

在农业保险的蓬勃发展期,虽然农业保险采用商业保险模式,但由于中央政府出台了一系列鼓励性政策文件,地方政府积极推动,农业保险呈现出多参与主体、多形式并存、增长速度快等特点。1984—1992年,全国农业保险费收入由1137万元增加到86190万元,年均递增71.78%[①]。1990年代初,中国农业保险走向萎缩。1992—2000年,全国农业保险费收入由86190万元减少至40000万元,8年间减少了53.60%,年均递减10.07%,农业保险费收入占财产保险公司保费收入的比重从1992年的2.57%下降到2000年的0.66%[②]。究其原因,主要是中央政府确立社会主义市场经济体制改革目标后,政府干预减少使得农业保险成本高、价格高、农民参保意愿低的特点暴露出来,农业保险从业务到队伍全面萎缩。进入新世纪后,随着中国经济社会发展总体上进入"以工促农、以城带乡"的新阶段,农业保险被纳入国家战略加以推进。2004年中央一号文件《关于促进农民增加收入若干政策的意见》明确提出,要"加快建立政策性农业保险制度,选择部分产品和部分地区率先试点,有条件的地方可对参加种养业保险的农户给予一定的保费补贴"。随后,中国保监会在全国9个省(自治区、直辖市)开展农业保险试点业务,积极推动商业保险公司自办、为政府代办和与政府联办农业保险业务[③]。2006年,国务院颁布《国务院关于保险改革发展的若干

---

① 史建明,孟昭智. 我国农业保险现状及存在的问题[J]. 农业经济问题,2003(9).
② 史建明,孟昭智. 我国农业保险现状及存在的问题[J]. 农业经济问题,2003(9).
③ 黄英君. 解读我国农业保险制度[N]. 中国保险报,2011-05-16.

意见》，提出"要逐步建立政策性农业保险与财政补助相结合的农业风险防范与救助机制，探索中央和地方财政对农户投保给予补贴的方式、品种和比例，对保险公司经营的政策性农业保险适当给予经营管理费补贴，逐步建立农业保险发展长效机制"。2007年中央一号文件《关于积极发展现代农业扎实推进社会主义新农村建设的若干意见》进一步指出，要"扩大农业政策性保险试点范围，各级财政对农户参加农业保险给予保费补贴，完善农业巨灾风险转移分摊机制，探索建立中央、地方财政支持的农业再保险体系。鼓励龙头企业、中介组织帮助农户参加农业保险"。2009年中央一号文件《关于2009年促进农业稳定发展农民持续增收的若干意见》再次将农业保险提在较高位置，提出要"加快发展政策性农业保险，扩大试点范围、增加险种，加大中央财政对中西部地区保费补贴力度，加快建立农业再保险体系和财政支持的巨灾风险分散机制，鼓励在农村发展互助合作保险和商业保险业务。探索建立农村信贷与农业保险相结合的银保互动机制"。

对于贫困地区来说，因农业产业化程度相对较低和自然灾害更加易发多发，发展农业保险成本更高，难度更大。因此，只有在政策上给予特殊扶持，更加注重政策性保险的作用，才能调动商业保险机构和互助合作保险的积极性，形成抵御自然灾害等重大风险的有效机制，为贫困地区农业发展提供保障。

(2)建立健全产业链风险分担制度。农业产业链是指"一个贯通资源市场和需求市场，由为农业产业化产前、产中、产后提供不同功能服务的企业或单元组成的网络结构"[1]。在中国，农业产业链主要有公司企业模式、合作社模式、合同生产模式等三种模式，其带动类型可以分为龙头企业带动型(如公司+基地+农户)、中介组织带动型(如合作经济组织+农户)、专业市场带动型(如专业市场+农户)[2]。"利益共享、风险共担"是农业产业链组织的基本原则，但农业产业链组织的利益联结方式具有多样性，有些参与主体间的联结松散(如公司+农户的订单农业)，有些联结比较紧密(如土地股份合作组织方式)。农业产业链参与主体间的合作越紧密，则形成的风险共担机制对农户越有利。因此，对于贫困地区农业产业发展来说，推进产业链参与主体分担自然灾害风

---

① 王国才. 供应链管理与农业产业链关系初探[J]. 科学学与科学技术管理，2003(4).
② 王凯，韩纪琴. 产业链管理初探[J]. 中国农村经济，2002(2).

险，是提高农户防灾减灾能力的重要途径。对于贫困农户来说，产业链参与主体能够充分分担灾害风险的产业，就是防灾减灾产业。

（3）建立健全生态补偿机制。中国的贫困地区多是生态环境服务丰富区或生态脆弱区。对于这些地区来说，发展环境友好型产业是防灾减灾产业的应有之义。但是，受市场机制和短期利益的驱动，贫困地区常常出现以牺牲生态环境为代价的掠夺性产业开发行为。因此，建立健全生态补偿机制，通过生态补偿措施保障贫困地区农户发展环境友好型产业的收益和积极性，是推进防灾减灾产业发展的重要途径。

第六章　连片特困地区扶贫攻坚与灾害风险管理

一、连片特困地区概述

　　未来十年甚至更长时间内连片特困地区将是我国扶贫攻坚的主战场。中央《中国农村扶贫开发纲要(2011—2020年)》明确提出"中央重点支持连片贫困地区"，"根据不同地区经济社会发展水平，因地制宜制定扶贫政策，实行有差异的扶持措施"。同时，对连片特困地区扶贫开发提出了明确的方针、政策和具体措施。中央确定的全国扶贫开发连片特困地区共14个，除已明确实施特殊政策的西藏、四省(青海、甘肃、云南和四川省)藏区和南疆三地州(喀什地区、和田地区和克孜勒苏柯尔克孜自治州)外，又划分出11个片区，分别是：六盘山、秦巴山、武陵山、乌蒙山、滇黔桂石漠化片区、滇西边境、大兴安岭南麓、燕山—太行山、吕梁山、大别山、罗霄山。14个连片特困地区覆盖了680个县，2.36亿人口，其中农村人口约2.3亿。这些地区从政治地理角度看，属于革命老区、民族地区和边境地区；在自然地理上处于青藏高原、沙漠化地区、黄土高原和西南大石山区。自然环境条件恶劣、基础设施薄弱、社会事业滞后、公共服务欠缺、产业发展不足。贫困面大、程度深，扶贫开发任务十分艰巨，要实现中央提出的"到2020年，稳定实现扶贫对象不愁吃、不愁穿，保障其义务教育、基本医疗和住房。贫困地区农民人均纯收入增幅高于全国平均水平，基本公共服务主要领域指标接近全国平均水平，扭转发展差距扩大趋势"目标，必须以更大的决心、更强的力度、更有效的举措来解决集中连片特贫地区的贫困问题。

(一)连片特困地区自然地理环境

　　自然地理环境即人类赖以生存的自然界，包括作为生产资料和

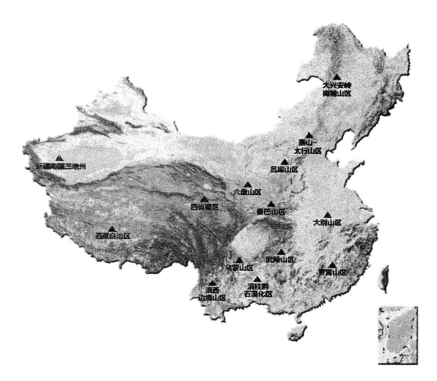

图 6-1 扶贫攻坚主战场示意图

劳动对象的各种自然条件的总和（如地理区位、土壤、气候、地形地貌、资源组合等），是人类生活、社会生存和发展的自然基础。一个地区自然地理环境的优劣，从很大程度上影响着该地区社会及经济发展的进程。

从我国目前的扶贫开发现状来看，现阶段中国的贫困问题已不再是国家制度或政策缺失，抑或是国家整个经济环境普遍欠发达等造成的"面上的"贫困，大多数地区的贫困主要是由于特殊区域环境、恶劣生产条件以及特殊社会形态等一系列带有明显地域特性的因素造成的"点上的"贫困。地域差异与地理环境制约发展而导致的贫困是一个至关重要、不可回避的现实问题。集中连片贫困地区大多属自然地理环境脆弱区，灾害频发的地区。综观中央现阶段划分的 14 个连片特困地区，按其自然地理条件和区域位置不同大致可分为以下几种类型（见表 6-1）：

129

表 6-1　14 个连片特困地区地理区划及自然地理社会特征

片区名称	地理区划	自然地理社会特征
六盘山区	甘肃、宁夏、青海等省区共61个县	这一地区基本包括了我国西北的主要干旱地区，年平均降雨量350～400毫米，沟壑纵横，植被稀疏，水土流失严重，是我国地质灾害高发区。同时，该地区是我国信奉伊斯兰教少数民族的主要聚集区，也是革命老区县集中的地区之一。
秦巴山区	陕、甘、川、渝、鄂、豫6省的75个县	位于我国西部地区，年平均气温12～15℃，气温随海拔而变化，形成山地垂直温度带，水资源丰富，年降水量700～1400毫米，地处我国自然环境的十字交叉带，具有复杂草的生态环境特点，保护生物多样性与发展地区经济的矛盾比较突出，是重要的生态功能区，也是革命老区县集中的地区之一。
武陵山区	重庆、湖北、湖南、贵州等省64个县	本区是我国跨省交界面积最大、人口最多的少数民族聚居区。一般海拔高度1000米以上，地貌呈岩溶发育状态，是我国地质灾害高发区。该区交通不便，基础设施建设滞后，经济落后，贫困面大，贫困度深。
乌蒙山区	贵州、云南、四川等省38个县	气候和自然环境恶劣多变，山高路险，交通不便，土地贫瘠，自然灾害频繁，该区生活环境恶劣，地方病高发。同时，也是我国主要的彝族、苗族等少数民族聚集区。
滇黔桂石漠化区	贵州、云南、文西等省80个县	有"生态癌症"之称的西南石漠化地区地形地貌复杂，生态环境脆弱，自然灾害频发，交通等基础设施薄弱，是瑶、壮等少数民族聚集区。
滇西边境山区	云南西部边境地区56个县	地形垂直分布明显，地质灾害严重，是我国的重要生态功能区。同时，该区边境线长，与越南、老挝等多国接壤，多数边境地段无天然屏障，是我国人口较少民族的主要聚集区。
大兴安岭南麓山区	黑龙江、内蒙古、吉林三省交界处的19个县	属山地丘陵地区；该地区主要以天然草地、林地、水浇地为主，区域内"十年九旱"，土地盐碱、沙化现象严重。同属革命老区和少数民族地区，是重要的生态功能区。

续表

片区名称	地理区划	自然地理社会特征
燕山—太行山	河北、内蒙古等省区33个县	位于华北平原北部，地貌破碎，生态环境脆弱，是京津风沙源地和水源地，是重要的生态功能区。自然条件较差，交通不便，农牧交错分布，社会经济发展十分落后。同时，该地区也是革命老区县集中的地区之一。
吕梁山区	山西、陕西等省20个县	地形起伏较大，土壤贫瘠，干旱和水土流失严重，是重要的生态功能区。同时，也是革命老区县集中的地区之一。
大别山区	河南、湖北、安徽等省36个县	地形复杂、地势险恶，一般海拔500～800米，南北两侧水系较为发达，该区森林覆盖率低，水土流失严重，生态失衡；属北亚热带温暖湿润季风气候区，是革命老区县集中的地区之一。
罗霄山区	湖南、江西等省23个县	地处我国南方红壤区，暴雨频繁，生态失衡，洪涝灾害和水土流失严重，是革命老区县集中的地区之一。
南疆三地州	喀什地区、和田地区和克孜勒苏柯尔克孜自治州等24个县	本区环绕在塔克拉玛干沙漠南部，大部分地区是沙漠、戈壁和山地，常年气候干旱，年均降水量仅40～50毫米，年均蒸发量却在2000毫米以上，年均沙尘天气约92天，自然灾害频繁，生态环境极其脆弱，是维吾尔、哈萨克等少数民族集聚区，是典型的少、边、穷地区。
四省藏区	青海、甘肃、云南和四川四省的74个县和3个县级行政单位	位于羌塘高原与横断山区，交通不便，是我国多条大江大河的发源地，是重要的生态功能区。区域内遍布高山峡谷，立体气候显著，自然灾害频发，因灾返贫问题突出，扶贫攻坚难度大。
西藏地区	西藏自治区的73个县和1个县级行政单位	地处世界上最大最高的青藏高原，地形复杂，平均海拔4000米以上，是青藏高原的主体部分，有着"世界屋脊"之称。气候类型复杂，气温偏低，温差大，垂直变化大，年降水量自东南低地的5000毫米，逐渐向西北递减到50毫米，自然灾害频发，因灾返贫问题突出，扶贫攻坚难度大。

资源来源：集中连片特殊困难地区资料汇编[G]. 国务院扶贫领导小组办公室，2011.8.

(1)荒漠化地区。如青藏高原西部、蒙新高原及黄土高原北部边缘，覆盖总人口超过 1 亿人，也是少数民族的聚集区域。这些地区的经济资源承载能力多数处于超载状态，草原生态环境恶化，自然灾害多发，土地可利用资源日益减少。(2)干旱多灾贫困地区。如云南、湖南、贵州、南疆等地区常年受到干旱、洪涝、冰雪冷冻等多种自然灾害的侵袭，对当地的生产和经济带来巨大损失，也对反贫脱贫带来深远影响。(3)石山区。如乌蒙山、武陵山、燕山一太行山、大别山等特困区域，在这些地区，多为喀斯特地貌，其岩石大量裸露，地势险峻，水土流失严重且地下水系难以开采，贫困人口聚集且脱贫困难。(4)偏远深山和高寒山区。我国是一个山地多、平地少的国家。在全国 2858 个县中，约有60％位于山区和丘陵区。在西部高寒山区密集的地方，山顶常年堆满积雪，温度较低，对生产生活极为不利。加之这些地区远离经济中心，人口稀疏、交通不便，一般支柱产业带动的扶贫工作难以有效惠及。据有关资料显示①，我国山区农民人均纯收入大幅低于平原地区，在文化教育和其他精神生活方面，山区和平原地区的相对差别就更加显著，约有1/3 的人口，处于相对贫困和落后的状态中。(5)边远少数民族贫困地区。如西藏、新疆、青海、宁夏、甘肃、川西、贵州、云南等少数民族贫困地区，这些地区由于地理位置偏僻，深居我国内陆，自然环境条件差，交通运输闭塞，文化教育落后，经济水平低，某些自然资源优势得不到充分发挥，因而处于贫困落后状态。滇西边境山区等地区是典型代表之一，2010 年人均纯收入仅 2267 元，人均财政收入 356 元②，远远低于我国平均水平。(6)省级或国际接壤贫困地区。如云、贵接壤贫困落后地区，陕、川、渝秦巴山脉贫困落后地区，苏、鲁、豫、皖接壤贫困落后地区，西藏、南疆三地州等，这些地区由于远离城市等政治经济文化中心，加之人口分布较为分散，贫困形成机制中呈典型的机会贫困现象。再者，许多民族跨境而居，而该区域正好是民族分裂势力和宗教极端势力活动的重点区域之一，社会的动荡不定成为其难以脱贫的一个因素③。

---

① 苏旻：对我国乡村建设的思考[EB/OL]. http://www. mingong123. com/news/4/2007-7-23/141421D73A0. html.

② 集中连片特殊困难地区资料汇编[G]. 国务院扶贫开发领导小组办公室，2011(8).

③ 杜仁淮. 试论发展边疆民族地区经济的强边固防功能[J]. 广西民族研究，2011(02).

(二)连片特困地区社会经济环境

1. 经济区位

我国连片特困地区，往往属于经济区位较差的地区，多聚集在西部不发达地区、边陲或邻省边缘接壤的偏僻山乡。这些地区离经济发达的中心城市较远，中心城市对其经济增长的带动和辐射作用鞭长莫及，很容易形成"塌陷区"。同时，受自身地理环境的限制，在资源禀赋、生产条件等方面也受到严重的制约，经济一直处于落后状态。据初步估算，除中央已明确实施特殊政策的西藏、四省藏区和南疆三地州外，新划分出的 11 个片区包括 505 个县(原国家扶贫开发工作重点县 382 个、革命老区县 170 个、少数民族县 196 个、边境县 28 个)，按 2007—2009 年三年平均水平计算，县域人均国内生产总值 6761 元，县域人均财政一般预算收入 272 元，县域农民人均纯收入 2677 元，分别相当于西部平均水平的 49.1%、43.7% 和 73.2%。

连片特困地区经济发展水平趋同，但内部仍存在差异。其一，内部差异。表现之一是较大的人均纯收入差异(详见表 6-2)。西藏地区 2009 年的人均纯收入为 4684.7 元，低于我国农村居民人均纯收入 76.3 元；而吕梁山区农民人均纯收入为 2175 元，低于我国农村居民人均纯收入 2586 元。两区域差距明显。其二，区域差异。革命老区、民族地区、边境地区发展各不相同(详见图 6-2)。

表 6-2　2009 年连片特困地区经济状况

分区名	人均纯收入(元)	人均 GDP(元)	人均财政收入(元)
六盘山区	2361.47	6275.87	166.31
秦巴山区	2940.15	7612.83	259.02
武陵山区	2553.15	6448.93	280.64
乌蒙山区	2455.06	5358.23	286.78
滇桂黔石漠化区	2468.93	5716.14	300.60
滇西边境区	2266.51	6623.85	355.80
大兴安岭南麓	2408.48	7469.14	224.62
燕山—太行山区	2763.99	8617.79	305.47
吕梁山区	2174.67	5633.39	210.83
大别山区	3257.51	6625.86	176.01

分区名	人均纯收入(元)	人均 GDP(元)	人均财政收入(元)
罗霄山区	2437.83	7236.07	380.13
新疆南疆三地州	2449.52	5255.83	208.42
四省藏区	2329.22	9979.87	469.30
西藏	4684.72	13063.69	871.18

资源来源：集中连片特殊困难地区资料汇编[G]. 国务院扶贫领导小组办公室，2011.8.

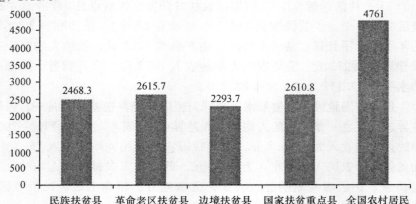

图 6-2　2008 年全国及特困地区农民人均纯收入情况

数据来源：中国农村贫困监测报告 2009 年，以下图表未特殊标注，均来自此报告。

图 6-2 是 2008 年我国民族地区、革命老区、边境地区、国家扶贫重点县和全国农村居民收入的对比情况①。总体来讲，革命老区的农户人均收入情况好于其他扶贫重点县，但相比全国农村居民的人均收入水平仍相差甚远。另外这些地区的人均纯收入增长速度也相对缓慢，且增长部分大多为国家转移性收入。以 2008 年边境扶贫县为例，其年均收入比 2007 年增加 298 元，其中转移性 266 元，占到总增长部分的 89.26%。这些地区落后的经济水平加上自身创收能力的不足，致使我国

①　由于连片特困地区是我国成片特困县组成的区域，主要包括民族扶贫县、革命老区扶贫县、边境扶贫县和其他国家扶贫开发重点县，因此，这里用这四类贫困县的贫困监测数据来近似反映整个连片特困地区的基本情况，下文将采用类似的手法。

连片特困地区陷入"面大程度深"的特别困难状态，扶贫任务相当艰巨。

2. 人口素质

新经济增长理论认为，资本、劳动、人力资本以及技术进步是现代经济增长的主要源泉。这里的人力资本是把人力中的无形资本即人口素质分离出来，作为一个独立因素单独研究。随着经济的不断发展以及经济理论研究的不断深入，人力资本作为经济增长的主要源泉，在促进地区经济增长、带动地区综合发展中起着越来越重要的作用。同样，在我国扶贫开发进入连片攻坚的阶段，贫困地区的人口素质状况在提升扶贫开发水平、加快地方脱贫、促进地区经济发展中发挥着越来越重要的作用。

由于受地理区位、发展环境等的限制，我国连片特困地区往往处于一个"历史性"贫困状态。有些家庭由于经济困难、缺乏劳动力，或者地区缺少学校和教师，更有甚者因为自己不愿意放弃读书，成为失学人群。区域贫困导致教育水平低下，进而导致人口素质偏低，人口素质偏低又致使该地区继续贫困，如此反复，形成一个恶性循环的怪圈。近年来，随着国家扶贫力度的加大，我国大部分贫困地区的受教育状况有所改善，但整体水平仍然不容乐观，部分适龄儿童仍然没能解决上学问题，对于每个学生的教育费用投入也普遍偏低(见表6-3)。

表 6-3　2008 年特困地区儿童在校率和平均教育费用

地区	7～15 岁儿童在校率(%)	平均每个学生教育费用(元)
民族扶贫县	95.7	1125.9
革命老区扶贫县	97.8	1894.7
边境扶贫县	97.9	877.8
国家扶贫重点县	97	1471.1
全国	99.5	4569.9

教育投资力度及重视程度的不足，致使这些地区劳动力人口的文化素质水平普遍偏低，高素质人才稀缺。从 2008 年主要贫困地区劳动力文化程度构成来看，我国连片特困地区劳动力的文化程度主要集中在初中及以下，部分地区还存在大量的文盲、半文盲劳动力人口(见表6-4)。文化素质偏低导致这些地区一些村民思想保守，观念落后，接受新知识、新技术的能力差，脱贫致富能力欠缺。据了解，在武陵山区，平均每万名农村人口拥有的农业科技人员仅为10人，科技队伍力量不足已成为制约武陵山区产业发展的"瓶颈"。以湖南省湘西土家族苗族自治州

为例，全州猕猴桃种植已经达 10 万亩，但专业技术人员不足 100 人，懂得这方面技术的农民不过 1000 人，绝大部分猕猴桃种植农户不懂技术、管理粗放，单产仅在 200 斤左右，经济效益低下，废树现象严重①。这种因人口素质偏低引发的科学技术薄弱现象在其他连片特困地区同样普遍存在。知识、技能、能力方面的欠缺使得连片特困地脱贫更加困难。

表 6-4　2008 年特困地区劳动力文化程度构成比例（%）

地　　区	文盲、半文盲	小学	初中	高中（或中专）	大专及以上
民族扶贫县	14.5	37	40	8.0	0.5
革命老区扶贫县	7.0	30.5	50.6	10.9	1.1
边境扶贫县	12.4	38.2	40.4	8.4	0.6
国家扶贫重点县	11.1	33.4	45.2	9.5	0.9
全国	7.5	31.2	40.9	13.7	6.7

3. 产业发展

连片特困地区的主导产业是农业，其中，尤以种养业最为典型。统计分析，2008 年我国特困地区人口就业主要以第一产业为主，其吸纳了这些地区 70% 以上的劳动力，边境贫困地区更是达到了 90% 以上。农业成为特困地区农户收入的主要来源和养家糊口的主要屏障，也是这些地区发展第二、三产业的物质基础。但目前，由于连片特困地区资源贫乏、人口负荷较重，加之一些非制度因素的约束，农业在这些地区发展程度不高，一些地区还不足以自给自足，更谈不上支撑第二、三产业的发展。

表 6-5　2008 年连片特困地区三次产业就业结构比例（%）

	第一产业	第二产业	第三产业
民族扶贫县	84.50	8.80	6.70
革命老区扶贫县	73.40	14.40	11.70
边境扶贫县	92.50	3.50	4
国家扶贫重点县	78	12.10	9.90
全　国	39.6	27.2	33.2

① 张大维. 生计资本视角下连片特困区的现状与治理——以集中连片特困地区武陵山区为对象[J]. 华中师范大学学报（人文社会科学版），2011(04).

随着我国扶贫政策的普及和扶贫力度的加大，不少特困地区作为扶贫示范区采用立项扶贫、产业扶贫、以工代赈等扶贫方式大力反贫脱贫，借助地方特色的新兴产业日渐兴起，这对特困地区的经济发展和扶贫开发发挥了很大的促进作用。然而，新兴扶贫产业仍存在发展后劲不足、经济效益低下、对国家扶贫资金和政策依赖性较强的现象。当然，新兴产业分布不广，种植业依然是当地的主要产业，更有甚者，在山石居多、自然灾害严重的穷乡僻壤地区，种植业的发展受挫，靠天吃饭、经济无力的现象普遍存在。

4. 基础设施建设

近年来，我国贫困地区的基础设施建设有很大改善，生产生活水平也日渐提高。道路、住房、电力等设施日益完善。从表 6-6 数据中可以看出，我国主要特困地区 80% 以上均有通村公路，通电自然村也都超过了 95%，人均住房面积在 20m² 左右，且竹草、土坯结构房屋比重大幅降低，约占到 1/5—1/4。

表 6-6　2008 年连片特困地区基础设施情况

地区	通公路自然村比重（%）	通电自然村比重（%）	人均住房面积（m²）	住房结构比例（%）				
				砖木结构	竹草结构	土坯结构	钢筋混凝土结构	其他
民族扶贫县	81.8	95.2	22.6	40.4	1.3	22	11.9	24.4
老区扶贫县	83.8	97.6	25.1	49.5	0.2	15.3	21.3	13.7
边境扶贫县	86	93.1	18.6	45.6	2.2	25.9	5.9	20.6
扶贫重点县	缺失	98.7	23.6	46.6	0.7	20.6	15.9	16.2

但是，由于连片特困地区大多山高壁陡，地理条件恶劣，基础设施的完善难度较大。通村公路"通达不通畅"的现象较为普遍，一遇到天气下雨道路便难以通行。2009 年对西南（四川、云南、贵州、重庆）少数民族贫困县 1647 户农户的调查数据显示：该地区农户住房面积最少的只有 10m²/人，有 78.05% 的农户使用的是旱厕，13.31% 的农户根本没有厕所，只有 10.3% 的农户使用水冲式厕所；饮用水方面，有 37.63% 的农户饮用水困难，20.95% 的农户饮用水受污染；取暖设备 71.89% 的农户使用传统的火坑、火墙或火炉，

24.79％的农户根本没有取暖设备①。这种生产生活设施落后的现象在其他连片特困地区也不同程度地存在，教育、科技、医疗卫生、体育、文化等社会公共服务设施滞后更为突出，已成为制约贫困地区脱贫致富的重要因素之一。

5. 国家政策环境

自 1986 年国家实施扶贫开发至今，连片特困地区的扶贫攻坚工作一直受到国家领导及相关部门的高度重视，虽连片特困地区的划分几经变化，从最初的 14 个到 1988 年增至 18 个，再到《中国农村扶贫开发纲要(2011—2020 年)》重新划定的"新 14 片"，扶贫开发的内涵和标准也随之进行调整和改变，但中央领导对连片特困地区扶贫致富的重视和决心从未改变。

从 2010 年中央 1 号文件明确提出"对特殊贫困类型地区进行综合治理"开始，国家领导人数次在各个地区强调要深入解决集中连片特困地区的贫困问题，同时陆续召开专门会议，商讨连片特困地区的扶贫开发工作。2011 年 4 月 26 日，胡锦涛总书记主持召开中共中央政治局会议，专门研究了当前扶贫开发工作面临的形势和任务，审议了《中国农村扶贫开发纲要(2011—2020 年)》。会议强调："要把连片特困地区作为主战场，把稳定解决扶贫对象温饱、尽快实现脱贫致富作为首要任务。"②随后，国家领导人和扶贫部门不断深入各连片特困地区进行专题调研，并对连片特困地区的扶贫开发工作进行指示和商量对策。

《中国农村扶贫开发纲要(2011—2020 年)》(以下简称《纲要》)颁布以后，国务院及地方部门将针对新《纲要》精神的指示，逐步落实各地区未来十年的扶贫攻坚及农村致富工作，如国务院扶贫开发领导小组办公室和国家发改委联合颁发的《武陵山片区区域发展与扶贫攻坚规划(2011—2020)》、《乌蒙山片区区域发展与扶贫攻坚规划(2011—2020)》，这些政策措施将是我国连片特困地区扶贫开发新的发展契机，对 14 个特困片区未来的发展具有重要意义。

---

① 庄天慧. 西南少数民族贫困县的贫困和反贫困调查与评估[M]. 北京：中国农业出版社，2011：69.

② 新华网. 中共中央政治局召开会议研究部署农村扶贫开发工作[N]. 人民日报，2011-04-27.

表 6-7　2010—2011 年国家关于连片特困地区的主要政策

文件(会议)名称	相关政策内容
2010 年中央 1 号文件(2010—1)	坚持农村开发式扶贫方针,加大投入力度,逐步扩大扶贫开发和农村低保制度有效衔接试点,对农村低收入人口全面实施扶贫政策,着力提高贫困地区群众自我发展能力,确保扶贫开发工作重点县农民人均纯收入增长幅度高于全国平均水平;因地制宜加大整村推进、劳动力转移培训、产业化扶贫、以工代赈等各项扶贫工作力度,加快贫困地区基础设施建设和社会事业发展;积极稳妥实行扶贫易地搬迁,妥善解决移民后续发展问题;对特殊类型贫困地区进行综合治理;扩大贫困村互助资金、连片开发以及彩票公益金支持革命老区建设等试点。
国家"十二五"规划(2010—10)	把基本消除绝对贫困现象作为首要任务,把连片特困地区作为主战场。坚持统筹发展,以促进就业、增加收入、改善民生、加快发展为核心,坚持政府主导,以专项扶贫、行业扶贫、社会扶贫为支撑,注重转变发展方式,增强可持续发展能力;注重人力资源开发,提高综合素质;注重基本公共服务均等化,改善生产生活生态条件;注重解决连片特困地区贫困问题,努力实现更好更快发展。
《中国农村扶贫开发纲要(2011—2020 年)》(2011—5)	确定连片特困地区为未来十年扶贫攻坚主战场。国务院各部门、地方各级政府要加大统筹协调力度,集中实施一批教育、卫生、文化、就业、社会保障等民生工程,大力改善生产生活条件,培育壮大一批特色优势产业,加快区域性重要基础设施建设步伐,加强生态建设和环境保护,着力解决制约发展的瓶颈问题,促进基本公共服务均等化,从根本上改变连片特困地区面貌。
《扶持人口较少民族发展规划(2011—2015 年)》(2011—6)	采取特殊政策措施,集中力量扶持人口较少民族加快发展:加强基础设施及配套建设,大幅提升发展保障能力;发展特色优势产业,促进群众增收;保障和改善民生,促进基本公共服务均等化;发展文化事业和文化产业,繁荣民族文化;加强人力资源开发,增强自我发展能力;促进民族团结,建设和谐家园。
《中央专项彩票公益金支持贫困革命老区整村推进项目资金管理办法》(2011—7)	规范和加强中央专项彩票公益金支持扶贫事业项目管理,提高项目资金使用效益,确定项目资金的使用范围为:贫困村基础设施建设,贫困村环境和公共服务设施建设以及产业发展。

文件（会议）名称	相关政策内容
国务院常务会议 （2011—10）	启动集中连片特困地区学生营养改善计划：中央财政出资160多亿元在集中连片特殊困难地区开展农村义务教育阶段学生营养膳食补助试点；鼓励各地以贫困地区、民族和边疆地区、革命老区等为重点，因地制宜开展营养改善试点，中央财政给予奖补；统筹农村中小学校舍改造，将学生食堂列为重点建设内容，切实改善学生就餐条件；加强学生食堂管理，严格食品供应准入，确保食品安全。
中央扶贫开发工作会议 （2011—11）	会议主要总结了我国扶贫开发工作取得的成就和经验，分析当前和今后一个时期扶贫开发形势和任务，全面部署《中国农村扶贫开发纲要（2011—2020年）》贯彻落实工作，动员全党全社会力量，坚决打好新一轮扶贫开发攻坚战。会议强调要提高扶贫标准，加大投入力度，把集中连片特殊困难地区作为主战场，把稳定解决扶贫对象温饱、尽快实现脱贫致富作为首要任务，坚持政府主导，坚持统筹发展，更加注重转变经济发展方式，更加注重增强扶贫对象自我发展能力，更加注重基本公共服务均等化，更加注重解决制约发展的突出问题，努力推动贫困地区经济社会更好更快发展。各级党委和政府要抓紧行动、抓紧落实，突出工作重点，解决关键问题，确保不断取得阶段性突破和进展。

（三）连片特困地区战略功能定位

连片特困地区是我国特困人口的聚集区，也是少数民族人口聚居区，覆盖了大部分边疆地区，也是我国重要的生态功能区。处理好连片特困地区的发展问题，关系着国家的政治稳定、民族团结、社会和谐、边疆巩固和生态安全。

1. 关系我国的政治稳定

我国是一个多民族国家，国土面积广阔，人口众多，在发展中处理好民族关系、协调地区发展、满足人民的合理需求在维护我国政治稳定中起着至关重要的作用。"政治是经济的集中体现，而经济问题说到底是利益关系问题。"[1]利益冲突的不可调和是贫困落后地区政治不稳定的重要原因之一。我国连片特困地区聚集了我国现阶段主要的贫困人群，覆盖了大多数民族地区、革命老区、边疆等特殊困难地区，这些地区由

---

[1] 朱光磊. 政治学概要[M]. 天津：天津人民出版社，2008.

于历史或地理的各种原因，与我国中东部发达地区相比，在经济、社会、文化等方面的发展上都存在着一定的差距。如果这种差距过大，并继续扩大，这对于我国的政治稳定是极为不利的。如果这个问题不能得到解决或有效缓解，就必然会造成我国地域、经济的割裂，国家凝聚力的下降，从而导致民族主义、分裂主义的滋生，这样不利于国家政治社会的稳定。因此，注重解决我国连片特困地区的社会经济发展问题，对于我国的政治稳定具有重要的意义。

2. 关系我国的民族团结和社会和谐

民族关系是多民族国家中至关重要的政治社会关系。民族团结是社会主义民族关系的基本特征和核心内容之一，也是中国共产党和国家所追求的目标。我国是一个统一的多民族国家，民族团结关系到中华民族的发展和前途，关系到国家的安危和各族人民的根本利益。没有民族团结，就没有社会的稳定；没有民族团结，就没有经济的发展；没有民族团结，构建社会主义和谐社会就无从谈起。

我国 90％以上的少数民族分布在贫困地区，且集中连片，主要分布在西北、西南和东北等边疆地区，如西藏、四省藏区、南疆三地州、乌蒙山区、滇西边境等。连片特困地区少数民族县域占到 54.41％，集聚着大量的少数民族人口，这便成为我国处理民族关系、促进民族团结所重点关注的区域。加强连片特困地区的扶贫开发，建立对少数民族地区的扶贫帮扶机制，从而改善民族地区的生活条件，促进其经济、社会、文化、政治等方面的全面发展，将有利于巩固和发展少数民族地区和谐的民族关系，有利于促进民族团结和共同进步，有利于社会的稳定和和谐发展。

3. 关系我国的边疆巩固

长期以来，我国边疆地区的发展一直处于相对落后状态，有些地区直到新中国成立前还保留着原始公社和奴隶制的经济结构。新中国成立以后，这些地区通过民主改革和社会主义改造，陆续踏上了社会主义道路，我国边疆地区的经济社会发展也取得了令人瞩目的成绩。但是，与我国内地及中东部发达地区相比，发展水平差距显著，经济社会发展滞后明显，并且成为滋生各种社会矛盾、影响边疆稳定的重要因素。此外，我国边境地区还潜伏着各种宗教斗争、武装冲突和局部战争的深刻矛盾。稳定和巩固我国边防，既是我国社会发展中需完成的战略任务，又是我国现阶段需迫切解决的现实问题。近些年，边疆地区的民族分裂和武装冲突活动有加剧的趋势，2008 年的西藏"3·14"事件和 2009 年的新疆"7·5"事件，进一步凸显了加强我国边疆巩固的迫切性。从深层次看，无论边疆稳定还是边防巩固都有赖于边疆地区经济的发展①。

4. 关系我国的生态安全

我国连片特困地区分布广阔，横跨东、中、西部大片地区，储藏丰富的水资源、森林资源、矿产资源、能源资源以及大量动植物物种资源等，是我国生态安全的重要屏障。如四川少数民族地区的森林资源，是长江流域的"绿色屏障"，不仅为长江流域提供水源，而且调节着全流域的气候和水资源供应平衡，是长江流域可持续发展的先决条件之一；武陵山区秀峦叠嶂，郁郁葱葱，满眼皆绿，是国家重要的生态功能区，有"中国绿心"之称；西藏作为"江河源"和"生态源"，担任着全球气候重要启动器、周边地区的固体水库与江河之源的角色，是我国东部地区的生态源和生态屏障；东北大小兴安岭具有调节气候、保持水土的重要功能，为东北平原、华北平原营造了适宜农牧业生产环境，庇护了全国 1/10 以上的耕地和最大的草原，其拥有的森林、草原、湿地等多样的生态系统，适生着各类野生植物近千种、野生动物 300 多种，是我国保护生物多样性的重点地区，同时它还是嫩江、黑龙江水系及其主要支流的重要源头和水源涵养区，为中下游地区提供了宝贵的工农业生产和生活用水，大大降低了旱涝灾害发生的几率。这些地区对于我国的生态安全都起着至关重要的作用，共同构筑了我国重要的生态屏障。

二、连片特困地区自然灾害状况与特征

(一)连片特困地区自然灾害类型

连片贫困地区因其特殊的地理分布和低下的环境承载力，加之全球气候变化等多种因素综合影响，自然灾害频发，并呈现出一定的规律性：以旱涝灾害为主，地震、低温冷(冻)害以及相关次生灾害大范围发生，风灾、沙尘暴、黑灾②、石漠化、虫灾、火灾等局部发生(见表

---

① 杜人淮. 试论发展边疆民族地区经济的强边固防功能. 广西民族研究，2011(2)：178～183.

② 黑灾即我国北方草原冬季少雪或无雪，使牲畜缺水，疫病流行，膘情下降，母畜流产，甚至造成大量牲畜死亡的现象。

6-8）。

表 6-8　连片特困地区主要自然灾害情况

特困片区名称	主要自然灾害
西　藏	地震、雪灾、风灾、霜冻、暴雨、沙尘暴、雹灾、滑坡、泥石流、黑灾
四省藏区	地震、旱灾、风灾、雹灾、雪灾、雷灾、低温冷（冻）害、滑坡、泥石流、黑灾
南疆三地州	旱灾、地震、沙尘暴、风灾、雪灾、低温冷（冻）害①、黑灾
六盘山片区	旱灾、地震、低温冷害、沙尘暴、雪灾、风灾、滑坡、泥石流
秦巴山片区	旱灾、暴雨洪涝、滑坡、泥石流、地震、低温冷（冻）害、霜冻、风灾、虫灾
武陵山区	旱灾、洪涝、雹灾、低温冷（冻）害、滑坡、泥石流、森林火灾、虫灾
乌蒙山区	风灾、暴雨洪涝、干旱、滑坡、泥石流、虫灾
滇黔桂石漠化区	旱灾、洪涝、石漠化、滑坡、风灾、森林火灾、虫灾
罗霄山区	旱灾、洪涝、雹灾、泥石流
滇西边境山区	地震、旱灾、洪涝、低温冷（冻）害、雹灾、风灾
大兴安岭南麓山区	旱灾、雪灾、洪涝、低温冷（冻）害、雹灾、风灾、森林火灾、虫害
燕山—太行山区	低温冷（冻）害、旱灾、沙尘暴、地震、滑坡、泥石流、风灾、森林火灾、虫灾
吕梁山区	地震、低温冷（冻）害、旱灾、风灾、雹灾、滑坡、泥石流、虫灾、森林火灾
大别山区	旱灾、洪涝、滑坡、泥石流

资料来源：根据张养才，何维勋，李世奎. 中国农业气象灾害概论[M]，气象出版社，1991；杨晓光，李茂松，霍治国. 农业气象灾害及其减灾技术[M]. 化学工业出版社，2010. 以及连片特困地区各区域网站相关资料整理所得。

1. 干旱

从全国范围看，干旱是我国影响面最大、最为严重的灾害之一，同

---

① 低温冷（冻）害包括低温冷害、霜冻害和冻害。

时也是片区范围最为严重的灾害之一。它呈现出以下三个特点：

(1)范围广。14 个贫困片区普遍存在干旱。以 2009 年为例，秦巴山、燕山—太行山、吕梁山、六盘山、滇西边境、大兴安岭南麓、西藏、滇黔桂石漠化地区等区域均不同程度地遭遇干旱灾害(见表 6-9)。

表 6-9　2009 年连片特困地干旱灾害发生情况

月份	发生区域	农作物受灾品种	雨量减少程度①	级别
1	吕梁山、燕山—太行山、秦巴山、六盘山	冬小麦和油菜	减少5~8成	重度
2	滇西边境、滇黔桂石漠化区、乌蒙山	春玉米、马铃薯、小麦	减少5~8成	中到重度
3	滇西边境、六盘山、吕梁山、	冬小麦、春小麦、玉米	减少5成	重旱到特旱
4	西藏、六盘山、吕梁山、大兴安岭南麓	冬小麦、春小麦、玉米、大豆	减少3成	中旱到特旱
5	大兴安岭南麓、西藏	玉米、大豆、冬小麦、春小麦	减少5~8成	中旱到特旱
6	西藏、六盘山、燕山—太行山、大兴安岭南麓	玉米、春小麦、牧草	减少5~8成	重旱
7	大兴安岭南麓	玉米和牧草	减产8成以上②	重旱
8~12	武陵山、滇黔桂石漠化区、罗霄山、乌蒙山	小麦、大豆、水稻、油菜、甘蔗、茶叶、蚕桑、橡胶、咖啡	减少3成	重旱到特旱

资料来源：根据《中国气象灾害年鉴》(气象出版社，2010)以及特困地区各区域网站整理所得。

(2)影响深远。一是干旱加剧贫困。自然灾害作为一种潜在风险，时刻威胁农户的脆弱性，成为加剧农户贫困的重要因素。数据显示，2010 年，西南地区爆发严重春旱。因灾返贫人数达 200 余万人。经济损失超过 350 亿元③。其中，因灾返贫的绝大部分是山区的农业人口，

---

① 与常年相比减少或者增加比例。

② 为 1952 年以来的最低值。

③ 杨超，贾宜超. 西南 200 余万人因旱灾返贫，经济损失超 350 亿元[EB/OL]. 中国广播网(2010-05-22)．

达到重旱等级的滇西边境的旱情和返贫情况更是严重。二是严重影响农户正常生产和生活。干旱的爆发，小则短期不能满足农作物的正常生长所需水分，破坏农作物的生长规律，引发当年农产品品质降低，产量下降，进而降低销量和农户收入；大则导致农作物全面绝收，农户粮食短缺，更有甚者农户饮水困难，危及农户生命安全。以滇西边境的巍山彝族回族自治县为例，2009 年持续的干旱造成全县 24.81 万亩小春作物中的 20.37 万亩受灾，受灾比例达 82.1%。全县有 6.63 万人、4.3 万头大牲畜发生饮水困难①。(3)持续时间长。许多地方出现春夏连旱或秋夏连旱，有时甚至出现春夏秋三季连旱。南方，以滇桂黔石漠化地区为例，该片区在 2009 年 10 月至 2010 年 4 月发生秋冬春三季连旱，是其继 1949 年以来最为严重的一次。北方连片区，因其处于干旱半干旱的地理区位，加之降雨量偏少和荒漠化、盐碱地等土地保水能力差等综合所致干旱持续性更长。1949—2000 年的统计数据显示，大部分地区持续 3～4 月，部分地区持续 5～7 月，局部长达 8～9 月②。

　　2. 洪涝及次生灾害

　　洪涝灾害即是雨量过大或冰雪融化引起河流泛滥、山洪暴发和农田积水造成的水灾和涝灾。易发区域集中在雨季密布区、山区以及河流中下游区域。片区洪涝灾害频发，一是与降雨量密切相关。除西藏、南疆三地州，其余各片区降雨量均较多。其中尤以处于东南季风和东北季风带控制的武陵山、大别山和罗霄山等最甚。二是片区多高山地形，地理落差大，是山洪洪灾③爆发的必要条件。片区的洪灾类型主要以山洪洪灾为主、相继伴有滑坡泥石流等山体灾害的洪灾类型存在。片区内，洪涝灾害发生频率高，除南疆地区、西藏两区洪涝灾害发生频率为 10% 以下，其余各片区洪灾发生频率都在 20%～30% 左右，大别山甚至超过 33%，达到洪涝灾害高发区级别(见表 6-10)。泥石流滑坡等山地灾害与洪涝灾害相伴而生。除大兴安岭南麓和燕山—太行山外，其余片区都表现出泥石流活动频繁的特点。

---

　　① 云南省遭遇 60 年不遇特大干旱，直击滇西抗旱一线[EB/OL]. 云南网(2010-02-02).

　　② 李玉中，程延年，安顺清. 北方地区干旱及抗旱技术综合研究[M]. 北京：中国农业科学技术出版社，2003(11).

　　③ 洪涝灾害包括江河洪灾型、山溪洪灾和泥石流灾害型、山体崩垮堵江洪灾型、涝灾型。

表 6-10　连片特困地洪涝灾害及其次生灾害发生情况

发生区域	洪灾发生频率①	等级	次生灾害泥石流的活动程度
西藏	5%以下	少发区	西部边界有中等活动
四省藏区	5%以下	少发区	四川藏区有极强活动，其余为中等活动
南疆三地州	5%以下	少发区	弱活动
六盘山片区	5%～10%	低发区	海东地区有强活动，陕西桥西部有中等活动，其余为弱活动
秦巴山片区	33%以上	高发区	中等活动
武陵山区	20%～30%	频发区	极弱活动
乌蒙山区	5～10%	低发区	强烈活动
滇黔桂石漠化区	5～10%	低发区	弱活动
罗霄山区	20%～30%	频发区	极弱活动
滇西边境山区	20%～30%	频发区	瑞丽市和隆江县有极强活动，其余为强烈活动
大兴安岭南麓山区	5%～10%	低发区	极弱活动
燕山—太行山区	10%～20%	常发区	极弱活动
吕梁山区	5%以下	低发区	极强活动
大别山区	33%以上	高发区	极弱活动

资料来源：根据中国气象局《中国灾害性天气图文集》（气象出版社，2007）、陈菊芬《中国旱涝的分析和长期预测研究》（气象出版社，2010）、杨晓光，李茂松，霍治国《农业气象灾害及其减灾技术》（化学工业出版社，2010）、张兰生《环境演变研究》（科学出版社，1992）以及连片特困地区各区域网站相关资料整理所得。

　　洪涝灾害作为片区第二大自然灾害，对片区产生深远影响：一是基于农户层面，对生产造成影响，使大面积农田被淹、农作物被毁，作物产量减产甚至绝收，影响农户收入；另外还给农户生活带来影响：毁坏道路，损毁房屋。2009 年 6 月，滇黔桂石漠化片区云南西畴县遭受洪涝灾害。农作物受灾面积 21906 亩，成灾 9759 亩，受灾面达 23 个村民委 234 个村小组 6552 户，农作物直接经济损失 178 万元，其中玉米受

---

① 中国气象局. 中国灾害性天气气候图集[M]. 北京：气象出版社，2007. 因为特困地区县域众多，本数据可能存在一定误差。

灾面 20360 亩,成灾 9260 亩。水稻受灾 12 个村民委 25 个村小组 280 户 410 亩,成灾 48 亩;烤烟受灾 3 个村民委 11 个村小组 280 户 1136 亩,成灾 451 亩①。2010 年,罗霄山片区的芦溪县因洪涝灾害,受灾农机 2341 台套,倒塌机库 253 间,受灾机插早、中稻 4563 亩,全县农机受灾损失 1034 万元,直接经济损失 862 万元②。二是基于片区层面,洪涝灾害会造成生态环境的破坏,增加灾害暴发的可能性。由表 6-10 可知,次生灾害高发区多集中在生态环境脆弱的黄土高原流域、西部地势起伏较大的区域。吕梁山和四省藏区的甘孜阿坝两州就是例子,一旦洪水暴发,其生态环境的脆弱加大导致泥石流发生的可能性,泥石流的发生又会破坏生态,形成洪灾—泥石流—生态脆弱的怪圈。以历年洪灾资料统计,山洪洪灾造成的损失占整个洪灾的 50% 左右③。因此,片区的洪涝及其次生灾害不容忽视。

3. 低温冷冻灾害

低温冷冻灾害即连续多日的气温下降,使得作物因环境温度过低而受到损伤以致减产的气象灾害。低温冷冻灾害包括低温连阴雨、低温冷害、霜冻和寒潮。

低温冷冻灾害在片区范围内广泛存在。不仅影响偏北的寒温带气候区,而且偏南的热带气候区仍受此影响。在不同的气候带,其呈现不同的低温冷冻灾害类型会阻碍片区农业发展。在寒温带以及温带的片区,如大兴安岭南麓、燕山—太行山,吕梁山等片区,主要受低温冷害和寒潮影响。以大兴安岭南麓为例,2009 年 8 月 12—14 日,该区的辽宁西部出现 14℃～17℃ 的低温天气,达到障碍型低温冷害标准④,严重影响扬花期的水稻产量。在亚热带气候区,霜冻、倒春寒等低温冷(冻)害频发。西藏四省藏区的甘孜阿坝州低温冷害灾害甚至高达 40% 以上⑤。四省藏区以南的乌蒙山区威信县 1996 年 4 月 1—12 日出现严重倒春寒,

---

① 云南西畴遭暴雨袭击造成农作物经济损失 178 万元[EB/OL]. 云南农业信息网(2009-06-17)

② 刘斌辉. 江西芦溪积极为受灾农民搞好服务[EB/OL]. 中国农业机械化信息网(2010-06-30).

③ 四川省农业区划办公室. 四川农业灾害与减灾对策[M]. 成都:四川科学技术出版社,1999.

④ 以日平均气温连续 3 天以上小于 20℃ 为标准。

⑤ 熊志强. 四川农业灾害与减灾对策[M]. 成都:四川科学技术出版社,1999.

农业损失惨重。其造成 4.5 千公顷农作物受灾，成灾 1.3 千公顷，绝收 114 公顷，其中水稻烂秧、烂种 182.8 公顷。在南亚热带区，主要受寒潮以及相伴的寒露风影响为主。在 2004 年 10 月滇桂黔石漠化片区遭受此灾害，数千公顷农作物受灾。

低温冷冻灾害，作为我国严重的气象灾害，与干旱洪涝并称为我国的三大自然灾害[①]，其在吕梁山、燕山—太行山呈现灾害强度进一步加重，在西南滇西地区、四省藏区的两州地区、乌蒙山等西南区域灾害一定程度加强的新特点。2009 年，片区低温冷（冻）害普降、灾情普遍加重（见表 6-11）。2009 年 12 月，片区甚至出现一月达到 3 次强降温过程，这不仅对种植片区作物的生长极为不利，对农户的生活、交通也带来极大困扰。

表 6-11　2009 年连片特困地区遭受低温冷冻灾害情况

时　间	影响区域	灾　情
1 月上旬和下旬	大兴安岭南麓、四省藏区、南疆三地州	中东部片区遭受 2 次寒潮袭击，范围广、降温幅度大、影响重。给农作物、林木和花卉带来较大影响
2 月中旬至 3 月上旬	罗霄山	降雨量大、持续时间长、最低气温低、伴随灾害多
6—7 月	大兴安岭南麓	低温阴雨天气持续时间长、降温幅度大、雨日多、积温低并出现延迟性冷害，对水稻和玉米影响大
10 月	西藏、四省藏区的青海藏区	出现降雪天气，气温骤降，达到历史极值
11 月	大兴安岭南麓、吕梁山、燕山—太行山、大别山、罗霄山、武陵山	先后 3 次大范围的降雪和降温过程，具有降温幅度大、影响范围广以及降雪偏早的特点
12 月	各个片区	片区在上中下旬分别出现强降温和雨雪过程，其中尤其以 22—26 日的降温最为显著，对农户生活、设施农业、交通运输业造成严重影响

资料来源：根据《中国气象灾害年鉴》（气象出版社，2010）以及连片特困地区各区域网站相关资料整理所得。

---

① 高懋芳，邱建军，刘三超，等. 我国低温冷冻害的发生规律分析[J]. 中国生态农业学报，2008(9).

4. 地震及其相关地质灾害

我国有 2/3 的地区属于山地，地质灾害十分严重。据统计，在 20 世纪的后 50 年中，每年我国因地质灾害而导致的伤亡人数在万人左右，造成的经济损失总数达上百亿元①。作为山地密布，且地震带活跃的连片特困片区，地震及其相关地质灾害成为片区第四大农业自然灾害，严重影响片区农户的生产和生活。

片区的地震尤以西南区域滇西边境、乌蒙山、四省藏区中四川两州区域、六盘山等区域活动强烈。片区的地震及其山地灾害频发。其一，是我国位于世界两大地震带(环太平洋地震带与欧亚地震带)的交汇部位，受太平洋板块、印度洋板块和菲律宾海板块的挤压，导致我国地震断裂带十分发育。其二，是片区多位于我国主要地震活跃带(见表 6-12)。其三，是片区依山脉存在，其大的落差和临空面的山坪地形是地震的次生灾害发生的重要条件。活跃的地震直接导致片区损失惨重。以 2006 年为例，片区主要发生 9 次地震，其中尤以乌蒙山地区云南盐津的地震最为严重，连续两次地震损失超过 2 亿元。2006 年 7 月 22 日的地震死亡 22 人，损失惨重。

表 6-12 连片特困区地震分布情况②

片 区	地震区	所属地震带
西藏	青藏高原地震区	喜马拉雅—地中海地震带、炉霍—康定地震带
四省藏区	青藏高原地震区	松潘地震带、龙门山地震带
南疆三地州	新疆地震区	祁连山地震带、柴达木地震带
六盘山片区	华北地震区	祁连山—六盘山地震带③、西海固地震带、银川地震带
秦巴山片区	青藏高原地震区	龙门山地震带、松潘地震带、天水地震带
乌蒙山区	青藏高原地震区	马边—昭通地震带
滇西边境山区	青藏高原地震区	喜马拉雅—地中海地震带

---

① 潘学标，郑大玮. 地质灾害及其防灾技术[M]. 北京：化学工业出版社，2010.

② 本表涉及的片区为地震多发地区，地震发生频率较小的片区未涉及。

③ 柴炽章，马禾青，金春华. 祁连山—六盘山地震带中强地震活动特点及震前异常特征[J]. 西北地震学报，2003(4).

片区	地震区	所属地震带
燕山—太行山区	华北地震区	华北平原地震带、三河—滦县地震带、五原—呼和浩特地震带
吕梁山区	华北平原地震区	山西地震带①、怀来—西安地震带

资料来源：根据潘学标，郑大玮《地质灾害及其减灾技术》(化学工业出版社，2010)、胡聿贤《地震工程学》(地震出版社，2006)、高庆华《论地震风险》(气象出版社，2011)以及连片特困地区各区域地震局网站相关资料整理所得。

表 6-13 2006 年连片特困地区地震发生及损失情况

片区	时间	地点	震级	死亡/人	重伤/人	轻伤/人	损失/万元
滇西边境山区	1 月 12 日	云南墨江	5.0	0	1	0	11060
秦巴山片区	3 月 27 日	甘肃宕昌	4.3	0	0	1	449
大兴安岭南麓	3 月 31 日	吉林乾安、前郭	5.0	0	0	2	11068
西藏	4 月 20 日	西藏班戈	5.6	0	0	0	518
秦巴山片区	6 月 21 日	甘肃武都、文县	5.0	1	5	14	7335
燕山—太行山区	7 月 4 日	河北文安	5.1	0	0	0	980
南疆三地州	7 月 18 日	青海玉树	5.0	0	0	0	4254
乌蒙山区	7 月 22 日	云南盐津	5.1	22	13	101	23900
乌蒙山区	7 月 25 日	云南盐津	5.1	2	15	52	20270

资料来源：根据地震局网站发布的"地震局发布 2006 年我国地震灾害及损失情况"(2007/02/07)整理所得。

地震对片区造成严重影响。一方面波及范围大，影响程度深，不亚

① 郑建中，刘进，邹英. 华北山西地区大地震震前活动特征和长期前震特征[D]. 中国科学院地理物理研究所论文摘要集，1989.

于旱涝灾害受灾面。2008 年四川 5·12 汶川地震致使 39 个区域严重受灾，死亡 69197 人，失踪人数是 18341 人①；另一方面造成的损失大，不仅损毁房屋、农田，特色农业、农业基础设施也遭受严重打击，制约产业发展。仅四川阿坝藏区，其耕地损毁 52 万多亩，农作物受灾面积 40 余万亩，其中 58 万多亩绝收，直接经济损失 2800 余万元；特色产业仅甜樱桃一项损失高达 5000 余万元；此外，农业基础设施也损毁严重。其中机耕道损毁 983.87 千米，机提灌站损毁 29 个，泵房损毁 23 个，50％以上的蓄水池和 67％的灌溉渠系受损，农业机具 2781 台套受损②。综上所述，片区地震及其山地灾害的危害性无论是对片区的脱贫，还是产业发展，乃至保证社会的稳定健康发展都产生着深远影响。

5. 区域性其他自然灾害

旱涝、低温冷冻灾害、地震等地质灾害在片区内大范围分布，其余灾害如风灾、暴风雪、黑灾、沙尘暴等局部分布(见表 6-14)。其中，风灾主要分布在华北、东北、西部等片区；沙尘暴的分布区域集中在西北黄土高原及塔克拉玛干沙漠周边区域。其中包括六盘山、南疆三地州、吕梁山等片区；黑灾集中分布在南疆三地州、六盘山、四省藏区的青海藏区等雨雪较多的牧区；暴风雪多集中在大兴安岭南麓、燕山—太行山、六盘山、西藏等区域。

表 6-14　连片特困地区其他自然灾害分布情况

灾　种	分布区域	灾　情③
风灾	吕梁山、燕山—太行山、大兴安岭南麓、滇西边境、滇黔桂石漠化地区、秦巴山、六盘山、西藏、南疆三地州、四省藏区	2007 年 1 月，西藏那曲地区发生风灾。其中 179 间房屋被掀翻，30 间暖棚、147 顶帐篷被损坏
沙尘暴	六盘山、吕梁山、燕山—太行山、新疆南疆三地州	2009 年，宁夏中卫市沙头破区的镇罗镇、柔远镇、东园镇共有 40 座日光温室蔬菜大棚受灾，直接经济损失达 10 万元

①　国务院新闻办公室 2008 年 9 月 4 日记者招待会. 国务院新闻办公室网站(2008-09-04).
②　汶川特大地震阿坝州农业受灾情况汇报(1)[EB/OL]. 四川农业信息网(2008-05-22).
③　因为资料收集的困难等原因，该处所指灾情即部分灾情.

续表

灾　种	分布区域	灾　情
黑　灾	南疆三地州、六盘山、四省藏区的青海藏区	平均每5～6年出现一次黑灾。对片区的畜牧业影响大
暴风雪	大兴安岭南麓、燕山—太行山、六盘山、西藏、四川藏区青海片区	2011年10月7—9日，青海湟中县和湟源县遭受低温冷冻害。15.8万人受灾，农作物受灾面积达22.7千公顷，直接经济损失7200余万元①

　　资料来源：根据王建林，林日暖《中国西部农业气象灾害（1961—2000）》（气象出版社，2003）、杨晓光，李茂松，霍治国《农业气象灾害及其减灾技术》（化学工业出版社，2010）以及连片特困地区各区域民政部网站相关资料整理所得。

　　由表6-14可知，虽然区域性其他自然灾害的分布不如旱涝等灾害分布面广，但其危害性以及影响程度仍不可忽视。其一，灾害的频繁发生，严重威胁片区畜牧业和种植业的发展。以暴风雪为例，大兴安岭南麓每年出现暴风雪的概率是0.8，南疆三地州是0.5～0.7，青海藏区以及西藏地区是0.2～0.4。若以2004年4月底，青海黄南藏族自治州爆发的中级暴风雪损失推算该地今后年份的损失：其2004年4月死亡75607头牲畜，牧业损失2547.3万元②。即以后每年平均至少有2.3万头牲畜受灾以及造成509.46万元经济损失。其二，片区内局部性自然灾害的分布除西南部分区域存在风灾分布外，沙尘暴、黑灾、暴风雪等自然灾害无一例外全部集中在北方。这种北多南少的自然灾害分布对北方片区农牧业发展带来极大挑战，降雨量少、土壤盐碱化、沙漠化等问题突出。总之区域性自然灾害严重阻碍了贫困片区尤其是北方贫困片区的脱贫之路。

（二）连片特困地区自然灾害特征

1. 呈现出愈演愈烈的发展态势

　　全球自然灾害的发生频率正以递增的速度增长③，损失也呈上升趋势。自然灾害频发的我国也呈现出同样的特点。20世纪60—90年代，自然灾害对粮食的减产幅度多年平均为5%，棉花减产达20%～30%，

---

① 中华人民共和国救灾司（2011-10-10）.
② "青海黄南州发生大面积雪灾"[EB/OL]. 中国青年报，2004-05-27.
③ 王润，姜彤. 20世纪重大自然灾害评析[J]. 自然灾害学报，2000(4).

油料减产达 15％左右，按照全国平均水平计算，20 世纪 50 年代为 190 元/公顷，60 年代为 3255 元/公顷，70 年代为 5880 元/公顷，80 年代为 12120 元/公顷，40 年翻了两番多①。

我国连片特困地区自然灾害发展的趋势与全球及整个国家的态势趋同，呈现出愈演愈烈的发展态势。片区多集中在山地密布、土质结构差、盐碱地贫瘠、土地荒漠化和石漠化等地形地理条件恶劣的区域，自然生态环境脆弱，自然灾害发生的几率高于我国其他区域。片区自然灾害日益加强的态势表现在：一是自然灾害分布范围扩大。如雪灾低发区的武陵山、大别山等片区在 2008 年遭遇雪灾，这是该地继 1954 以来最为罕见的暴雪灾害。二是自然灾害的发生频率提高。以西藏中南部以及东部地区的夏旱为例，其发生频率在 30％左右，近几年，因全球气候变暖大环境的影响，其发生频率远远高于 30％②。三是自然灾害级别更高。近几年，自然灾害发生的等级愈来愈高。2008 年，四省藏区的汶川遭受百年不遇的地震，武陵山片区和罗霄山片区遭遇五十年不遇的雪灾；2009 年，西藏爆发 10 年来最严重的旱灾，大别山片区爆发 30 年来最严重的秋冬连旱；2010 年，青海玉树藏族自治州和甘肃甘南藏族自治州舟曲县相继爆发百年不遇的地震和泥石流灾害。

2. 干旱洪涝灾害为主，多种灾害交互作用

旱涝灾害不仅是我国的两大主要自然灾害，在片区范围内亦如此（见表 6-8）。上至最北的大兴安岭南麓片区，下至偏南的滇桂黔石漠化片区，左至青藏高原西藏片区，右至大别山片区，旱涝均为该区主要灾害。同时其他灾害(低温冷冻害、黑灾、沙尘暴等)交互发生。这是由于片区复杂多样的自然生态条件和农业自然生态环境的脆弱所致。一是东部片区如武陵山、罗霄山、大别山等受季风影响，季风的进退造成片区旱涝灾害频发；二是西北片区如六盘山、南疆三地州、四省藏区等属于干旱半干旱控制区，该区域气候寒冷、降雨量少，土壤沙化、冻土严重，旱涝、沙尘暴、雪灾等自然灾害常交互发生作用；三是南、北方片区受季风影响，雨量分布不均，呈现"南涝北旱，南旱北涝，旱涝交互作用"的特点；四是片区石漠化、荒漠化、喀什特地貌等地质地貌广布，

---

① 王国敏. 农业自然灾害与农村贫困问题研究[J]. 经济学家，2005(3).

② 高懋芳，邱建军，刘三超，等. 我国低温冷冻害的发生规律分析[J]. 中国生态农业学报，2008(9).

153

是泥石流、滑坡等自然灾害的重要因素。

3．季节性和区域性并存

因空间分布、地域组合与自然和社会经济环境的区域差异，片区自然灾害呈现季节性和区域性并存的特点。

低温冷冻灾害、沙尘暴、黑灾、暴雪等灾害集中发生在冬春季节。其中，低温冷冻害又呈现不同的特点。一是霜冻和冷害常发区为西藏、南疆三地州、大兴安岭南麓以及吕梁山片区；寒害则主要集中在滇黔桂石漠化区域；二是寒害85％集中在冬季，且冬季的寒害对农作物危害最严重。冷害对农作物危害最严重的季节则发生在初冬、晚冬、初春。此外，沙尘暴、暴风雪、黑灾等也在冬春频发，仍存在季节性和区域性的差异。沙尘暴和雪灾对农作物危害最严重的区域集中在春季。黑灾则集中在11～12月、3～4月。暴雪、黑灾多分布在西藏、四省藏区、南疆三地州等片区，沙尘暴则多分布在西藏、六盘山、吕梁山、燕山—太行山等片区。

就夏季来看，片区集中分布旱涝以及次生灾害。夏初，旱灾分布在六盘山等北方片区，发生频率达50％～60％。洪涝灾害发生在武陵山、乌蒙山等南方片区，发生频率达10％～50％。夏末，因副热带高压的北移，北方片区洪涝及其次生灾害频发，南方则多发旱灾。

（三）连片特困地区灾害影响因素

1．地质环境

我国连片特困区旱涝、低温冷冻害等气象灾害以及地震、滑坡、泥石流等地质灾害频发，这不仅与片区地质构造变动形成的地质环境息息相关，更与我国乃至全球地质构造变动形成的地质环境关系密切。

我国一系列东西、北东与北北东、北西与北北西和南北走向的山脉以及分布其间的平原、盆地、河流的地质环境是由纬向构造带、北东—北北东向构造带、北西—北北西向构造带和经向构造带共同变动影响的结果。同时也决定了我国自然灾害空间分布的总貌。即以天山—阴山、昆仑山—秦岭和南岭为界，从北到南分为四个大的东西向灾害带，同时又以长白山、辽东半岛山脉、山东半岛山脉、武夷山脉及大兴安岭、太行山、武陵山脉、贺兰山、龙门山、横断山脉为界，从东到西分为四个大的北北东向灾害区①。其中具体表现为：山区多滑坡、泥石流、暴

---

① 高庆华．中国自然灾害的分布与分区减灾对策[J]．地学前缘，2003(8)．

雨、山洪、风雹等自然灾害；平原盆地多洪水、渍涝、干旱、土地盐碱化、土地沙化等自然灾害；而山区与平原交界处的地震及地质灾变尤为发育；大陆与海洋毗邻地带则是海洋灾变与热带气旋灾变肆虐之处；此外高原地带还有冻融、冰雪和雷暴等灾害。

我国的地质环境形成的灾害带几乎覆盖所有连片特困地区，更有武陵山、大兴安岭南麓、太行山3个片区位于灾害带分界线上。这正为片区的旱涝、滑坡、泥石流等灾害广布，以及四省藏区的阿坝州爆发8.0级特大地震、甘南藏族自治州舟曲县的特大泥石流等罕见灾害爆发提供依据。因此，地质环境是影响连片特困地区灾害密布和频繁发生的重要因素。

2. 大气环境

近几年，片区灾害频发，且呈现愈来愈重的态势，其与异常的大气环境密不可分。就全球范围看，大气环境复杂多变，其中尤以气温变化最为明显。20世纪全球气温平均上升0.6℃，预计在21世纪上升1.4℃～5.8℃[1]。究其原因一是温室效应的结果；二是与厄尔尼诺现象、拉尼娜现象相关。厄尔尼诺现象和拉尼娜现象对大气环境产生深远影响。在厄尔尼诺现象发生的年份，海水温度上升，气候变暖，干旱、洪涝灾害频繁发生。带来的结果，一是大洋东岸的南美洲的秘鲁、哥伦比亚等国家暴雨成灾，巴西少雨干旱；二是大洋西岸的国家，如中国，出现干旱少雨的现象。2008年的西南发生大范围的干旱旱情即是厄尔尼诺现象所致。然而，更令人堪忧的是近几年表现出厄尔尼诺现象强劲发展的势头。自1949年至1990年的40余年共发生10次厄尔尼诺现象，平均3.5年一次，而90年代以来的最近几年竟出现了4次，平均2.5年发生一次，发生频率加快。其直接结果是导致全球气温持续升高，灾害频繁。

就片区范围看，在全球气候变化的大背景影响下，我国贫困片区大气环境也出现了明显的变化。其中尤以冬季以及处于西北、华北、东北片区的燕山—太行山、吕梁山、西藏等北方片区最明显[2]。西藏地区近10年平均气温上升0.24℃[3]，青藏高原50年来平均气温、日最高气

---

[1] 牛书丽. 全球变暖与陆地生态系统研究中的野外增温装置[J]. 植物生态学报，2007(2).

[2] 秦大河. 气候变化的事实、影响及对策[J]. 中国气象学会通讯，2002(10).

[3] 徐宗学，孟翠玲，等. 西藏自治区气温变化趋势分析[J]. 自然灾害学报，2009(1).

温、日最低气温呈增长态势。如此，自然灾害尤其是旱灾在我国连片特困地区异常活跃。2009 年 8 月，滇黔桂石漠化区、乌蒙山区等西南片区遭遇 50 年少有的旱灾，其造成片区所属西南 5 省耕地受旱面积 9654 万亩，作物受旱 7079 万亩，待播耕地缺水缺墒 2557 万亩；有 1805 万人、1017 万头大牲畜饮水困难[1]；更是造成 218 万人返贫，经济损失超过 351.86 亿元[2]，这不仅加重了西南五省市贫困状况，更是加大了秦巴山区、乌蒙山区、滇西边境、滇黔桂石漠化区等西南连片特困地区的反贫困挑战。

3. 地理环境

我国贫困片区的自然灾害频繁发生，地理环境作为其重要的孕灾环境，是引起其高频率发生的重要因素。地理环境包括地理位置、地形以及土层结构等方面。我国的贫困片区主要有这三个方面的地理环境影响自然灾害的分布及其发生。

就地理位置看，除西藏、南疆三地州片区外，其余片区受季风影响显著。然而，季风的不稳定和季节性使得片区雨量分布不均，常出现旱涝灾害。其中以西南片区为例，滇西边境、滇黔桂石漠化片区、乌蒙山区等受 4—5 月的西南季风影响，该季节洪涝灾害明显。随着西南季风的北移，时至 7—8 月左右，该区域受副热带高气压控制，少雨干旱，旱灾频发。同时，在季风带控制下，片区的冬季风强劲势头超过夏季风。冬季，六盘山、吕梁山、秦岭—大巴山等片区风速常达 8 级，并相伴有沙尘暴、冻害和暴雪等灾害。

就地形看，片区集中在青藏高原、黄土高原以及山脉、丘陵等区域。这些地方往往是自然灾害的高发区。一方面，相对高度的存在，为滑坡、泥石流等山地灾害的爆发提供了可能条件；另一方面，山脉阻挡水汽的输送和交换，造成山脉两侧的差异性，同时增加旱涝、暴雪、低温冷冻害等灾害发生的可能性。

就土层构成看，片区的土质沙化、荒漠化、石漠化普遍，加剧泥石流等灾害的发生。秦岭—大巴山片区的甘肃陇南成县即是其中的一个典型例子。在构造应力作用下，该区岩层破碎，地表松软，山体失稳，极

---

[1]　国家防洪办公室统计(2010-03-23).

[2]　邵芳卿. 西南五省区市因旱返贫达 218 万人，损失超 351.86 亿[EB/OL]. 第一财经日报，2010-05-21.

易被侵蚀①，滑坡、泥石流灾害发生频率增加②。

4. 社会环境

俗语说：三分天灾，七分人祸。在贫困片区，仍然存在破坏生态环境的农户活动，其最终造成生态环境恶化，灾害频发。以大兴安岭南麓为例，农户的毁林开荒、湿地开垦等人类活动致使当地生态恶化，该片区东部黑龙江省森林功能丧失率达 60%～70%③。其作为防风固沙、水土流失的天然屏障，土地沙漠化、盐渍化严重便成为必然。乌蒙片区的贵州省毕节市亦是如此。人类肆意开垦土地等活动影响生态环境，最终形成人口增加—陡坡开荒—植被退化—水土流失加重—石漠化—耕地面积减少—贫困的恶性循环过程④。

人类破坏性活动的结果致使片区灾害频繁发生，人类良好的抵御灾害措施和应对灾害能力便极为重要。因其将可能降低灾害发生的可能性，一定程度上起到抑制灾害的作用。然而，由于片区经济基础较差，农户个人素质偏低，农户的贫困程度深，使片区防灾应灾基础设施条件难保障、防灾体系不健全，防灾减灾能力不济等问题凸显。仅武陵山区每个村庄平均竟有 2 个村民小组共 78 户没有通公路，个别村达到 18 个村民小组共 3616 户交通闭塞⑤。如此薄弱的基础设施条件不利于防灾减灾。总之，人类的破坏活动以及薄弱的防灾减灾社会环境导致片区灾害加剧，成为我国贫困片区又一重要的致贫因素。

三、连片特困地区扶贫攻坚中灾害风险管理的基本目标与路径

（一）扶贫攻坚中加强连片特困地区灾害风险管理的必要性

1. 加强灾害风险管理是提高连片特困地区扶贫成效的关键

自然灾害是连片特困地区致贫返贫的主要因素，自然灾害多发严重

---

① 马朝阳，蔡蕴霜，等. 黄渚镇发生暴雨泥石流灾害的成因与应对措施[J]. 甘肃农业，2011(3).

② 王堰，李雄，缪启龙. 青藏高原近 50 年来气候变化特征的研究[J]. 干旱区地理，2004(1).

③ 张平. 黑龙江省农业自然灾害的成因分析[J]. 农机化研究，2011(2).

④ 邵技新，张凤太. 基于生态足迹的毕节市耕地资源负荷研究[J]. 贵州农业科学，2010(9).

⑤ 张大维. 生计资本视角下连片特困区的现状与治理——以集中连片特困地区武陵山为对象[J]. 华中师范大学学报(社会科学版)，2011(7).

影响该地区的农业生产和农牧民的生产生活，也是影响连片特困地区扶贫成效的主要制约因素。在连片特困地区加强灾害风险管理，有利于提高扶贫开发的成效，有利于提高贫困人口的灾害抵御能力，进而降低贫困人口的脆弱性。我国第一个新农村水利扶贫试点的贵州铜仁地区，通过实施水利工程措施，其受洪、旱、涝灾害影响人口较试点前减少了35.32 万人，降低了 8.99%。同时，由于水利条件的改善，群众改变过去种玉米、红薯的传统习惯，发展商品农业、现代农业，2006—2010年，铜仁地区农民人均纯收入由 1700 元提高到 3182 元；试点期农村绝对贫困人口减少了 41.15 万人（老口径），贫困发生率由 25.5% 下降到17%，下降了 8.5%①。

2. 加强灾害风险管理是提高连片特困地区防灾减灾能力的有效途径

防灾减灾能力主要包括灾害性监测预警能力、防灾减灾基础设施、应急能力等。连片贫困地区受经济条件制约，防灾减灾基础设施建设不能适应形势需要。如水文、气象、地质、病虫灾害监测网点不健全，交通、通讯、信息网络不发达，对多发性自然灾害的预测预警水平低。防洪设施不完备，农田水利设施落后，防汛抗旱能力减弱。同时，群众防御自然灾害的意识普遍较低，防灾减灾的主动性和自觉性不高，对多发性自然灾害的识别、监测、预报、避让等知识极为有限。在生产建设过程中，一些群众对自然灾害的危害性认识不足，防灾意识和防灾手段弱。在扶贫攻坚中加强灾害风险管理，一是将扶贫攻坚中贫困人口发展能力建设与防灾减灾能力建设结合，通过提高贫困人口收入，发展贫困地区经济，为连片特困地区的进行防灾减灾能力建设提供物质保障基础；二是在开展扶贫项目的过程中，通过扶贫基础设施建设项目与防灾减灾基础设施建设相结合、扶贫产业与减灾产业相结合等多途径的结合，有效整合扶贫和防灾减灾资源，提高防灾减灾成效。

3. 加强灾害风险管理是实现连片特困地区可持续发展的必然选择

可持续发展指既满足当代人的需求，又不损害后代人满足其需求的能力。美国经济学家迈克尔 P. 托达罗（Micheal P. Todaro）在《经济发

---

① 姚润丰，周芙蓉. 昔日"十年有九旱"，今日"大旱无大灾"[J]. 中国水利，2011(11).

展与第三世界》中指出：恶劣的气候条件是直接影响生产条件的一个明显的因素。贫困是贫困地区缺乏可持续发展能力的最基本原因，贫困与生态环境退化的恶性循环是造成贫困落后地区经济社会非可持续发展的重要原因。在连片特困地区，自然灾害和贫困互相影响，互为因果。连片特困地区要实现可持续发展，必须是在保护和改善当地自然生态环境的基础上发展经济。消除贫困是可持续经济发展的重要目标，通过灾害风险管理，有助于巩固扶贫成果，实现减贫目标。

(二)扶贫攻坚中加强连片特困地区灾害风险管理的基本目标与路径

1. 基本目标

连片特困地区处在自然条件恶劣、资源贫乏、农业生产条件较差、自然灾害易发多发、生态环境脆弱的地区，"因灾致贫"、"因灾返贫"是该地区贫困人口居高不下的主要原因之一。如何通过加强灾害风险管理，提高扶贫开发成效，是新阶段连片特困地区减贫战略的重要内容。根据连片特困地区自然地理环境和灾害特征，结合区域扶贫开发状况，连片特困地区在扶贫攻坚中加强灾害风险管理总体上要以基础设施建设为基础，避灾产业发展为支撑，灾害抵御能力建设为核心，生态环境保护和改善为重点，资源整合协同管理为保障，最终实现连片特困地区防灾减灾，推进区域经济的可持续发展，实现新阶段扶贫开发的总体目标。

(1)以基础设施建设为基础。基础设施是连片特困地区扶贫攻坚和防灾减灾的重要物质基础。长期以来，由于连片特困地区多处荒漠化地区、石山区、偏远深山和高寒山区，自然灾害频繁，基础设施建设难度大，成本高，不易维护，基础设施建设滞后，成为制约连片特困地区扶贫开发和防灾减灾的瓶颈之一。新阶段连片特困地区在扶贫攻坚中加强灾害管理首先应把基础设施建设作为基础性工程来抓，武陵山片区扶贫开发便把基础设施建设放在十分重要的位置(详见专栏 6-1、6-2)。一方面通过基础设施建设把区域经济发展规划与片区扶贫攻坚规划连接起来，使片区扶贫规划与国家战略规划、区域发展规划和省市县规划成为一体，达到与地方政府部门的分工协作，整体推进。另一方面，基础设施的建设可以为贫困地区发展和防灾减灾创造条件。如基础设施建设一般具有投资大、建设周期长、需要定期维护等特点，就地取材、就地雇工、地方维护，创造出新的就业机会，直接增加贫困人口收入。另外，基础设施的改善不仅可以改善贫困人口生产生活条件，而且有利于防灾减灾。如水利设施的改善不仅可以解决当地农业发展问题和提高饮水质量，而且可以增强旱灾的抵御能力；基本交通设施的改善可以使地方资源(包括特产、能源、劳务输出等)进入全国市场交易成为可能，同时也为防灾减灾奠定了完善的交通、通信基础；卫星电视、电信、交通等基础网络设施的建设为贫困地区与外界沟通架起了桥梁，也为防灾减灾信息的迅速传递、科技知识的普及提供了可能，通过工程性防灾减灾设施的建设，最终实现非工程性防灾减灾能力的提升。

专栏 6-1

《武陵山片区区域发展与扶贫攻坚规划 (2011—2020 年)》中的重点交通建设

铁路。在建重庆—利川铁路、长沙—昆明客运专线、玉屏—铜仁城际铁路，规划建设渝黔铁路扩能工程、黔江—张家界—常德铁路、长沙—常德城际铁路、怀化—邵阳—衡阳铁路、遵义—铜仁—吉首铁路、渝怀铁路增建二线、焦柳线石门—柳州段扩能工程等工程，规划研究安康—恩施—张家界—衡阳铁路、宜昌—石门铁路、遵义—黔江—恩施铁路。

公路。规划建设丰都—武隆—务川—凤冈—道真—湄潭—福泉、南川—道真—务川、德江、丰都—彭水—酉阳—永川、印江—秀山、宜昌—巴东、龙山—永顺、慈利—石门—澧县、洞口—溆浦—沅陵、常德—涟源—邵阳—永州、德江—沿河—酉阳、江口—石阡—凯里、遵义—正安—道真—武隆、利川—黔江—彭水、利川—咸丰、巴东—鹤峰—桑植—张家界、宜昌—张家界、兴山—房县、秀山—龙山、秀山—沿河、酉阳—来凤—龙山、务川—彭水—黔江—利川、城口—梁平—石柱—彭水—利川高等级公路，长阳龙舟坪—宜都五眼泉等级公路，巴东—巫山沿江公路，建设铜仁—松桃、德江—印江—思南快速干道，推进香溪长江公路大桥项目前期工作。

航运。加快长江、乌江、清江、沅水、资江和澧水航道建设工程，推进重庆港丰都港区、石柱港区建设。

机场。扩建张家界荷花国际机场、铜仁凤凰机场、黔江舟白机场、怀化芷江机场、恩施许家坪机场，新建武隆仙女山机场、武冈机场和邵东机场、黔北机场、娄底新化机场。

专栏 6-2

《武陵山片区区域发展与扶贫攻坚规划
（2011—2020 年）》中的重点水利工程

重点水库。建设雷公洞、大兴、黄家坝、马岩、栗子园、过水湾、观音滩等水库。

江河治理。实施乌江、清江、郁江、沅水、澧水、资江、阿蓬江、洪渡河、芙劳保江等中小河流治理工程。

城镇供水。建设武隆、秀山、丰都县城拓展区二期，彭水新城、黔江、秭归、利川、咸丰、来凤、长阳、五峰、张家界、吉首、怀化、武隆、铜仁、德江、务川、正安、道真、湄潭、凤冈、余庆等城市供水工程，建设黔江阿蓬江、铜仁乌江思林、沙索、秀山县城区供水、酉阳城市拓展区小坝、板溪等提水工程。

重点灌区改造。实施三峡库区中部大灌区、利中盆地灌区、宣南十万亩灌区、来凤老峡灌区、黔江太极水库、怀化溆水、舞水、张家界赵家垭、邵阳犬木塘、湄凤余及铜东、乌中、秀山县梅江河灌区、桑植双泉、永定茅溪、隆回六都寨、娄底白马灌区等节水改造和续建配套建设。

城镇防洪。建设黔江、恩施、张家界、吉首、怀化、铜仁等重点城市及利川、建始、鹤峰、长阳、五峰、桑植、慈利、新化、芷江、永顺、泸溪、沅陵、辰溪、洞口、新晃、靖州、麻阳、会同、溆浦、安化、彭水、武隆、酉阳、丰都、务川、道真、湄潭、余庆、石柱、秀山等县城防洪堤工程。

资料来源：《武陵山片区区域发展与扶贫攻坚规划（2011—2020年）》，国务院扶贫开发领导小组办公室，国家发展和改革委员会，2011.10。

（2）以避灾产业发展为支撑。产业发展是连片特困地区贫困人口脱贫致富的根本途径，针对片区自然地理气候特征，结合扶贫开发项目规划，大力发展避灾产业，以减少自然灾害带来的损失，提高灾害抵御能力，防止"因灾致贫"和"因灾返贫"。避灾产业是建立在抗灾基础上的，是对抗灾产业取得的设施成果和技术手段进行选择性利用和发展。避灾产业发展要充分遵循自然规律，尊重农民的意愿，把避灾与经济效益有机结合起来，依靠科技支撑，形成特色。连片特困地区由于其独特的地质构造和地形条件，自然资源富集，包括广袤的土地，多元的气候、矿产、生物和多彩的文化，为发展避灾产业提供了可能。例如，贵州是我国喀斯特地貌分布最广的省，喀斯特地貌面积约占全省土地面积的73%，构建了以"奇山、秀水、美石、异洞"为特色的喀斯特旅游资源，同时贵州苗族地区绝大部分分布在喀斯特地貌区，将原生态的民族文化和奇特的喀斯特高原地貌以及历史文脉相结合，使贵州苗族地区具有了独特的旅游资源，发展喀斯特旅游经济，不仅有助于脱贫，而且充分利用特殊的喀斯特环境，在避灾的同时带来经济效益。又如，武陵山丰富的自然资源和政府的大力扶持为当地发展避灾产业提供可能(详见专栏 6-3)。

专栏 6-3

《武陵山片区区域发展与扶贫攻坚规划 (2011—2020 年)》中的特色农业基地

油茶基地。黔江、彭水、石柱、酉阳、秀山、丰都、来凤、咸丰、鹤峰、恩施、宣恩、长阳、五峰、慈利、永顺、绥宁、邵阳、溆浦、沅陵、辰溪、中方、涟源、安化、会同、洪江、麻阳、泸溪、江口、石阡、松桃、铜仁、万山、玉屏、湄潭、凤冈、余庆、正安、道真、务川等油茶基地。

茶叶基地。武隆、酉阳、秀山、印江、江口、松桃、道真、务川、古丈、沅陵、安化等地高山茶；保靖、利川、宣恩、鹤峰、巴东、恩施、利川、建始、秭归、五峰、长阳、凤冈、沿河、新化、洞口、桑植、慈利、会同、溆浦等地的富硒茶基地；石阡苔茶、江口藤茶、湄潭绿茶、正安白茶、余庆苦丁茶等特色茶叶基地。

蚕茧基地。黔江、武隆、丰都、石柱、巴东、严峻、长阳、龙山、沅陵、溆浦、正安、务川等优质蚕茧基地。

烤烟基地。黔江、酉阳、武隆、丰都、彭水、建始、利川、鹤峰、巴东、咸丰、恩施、宣恩、秭归、五峰、严峻、龙岗、中方、会同、新宁、会同、新宁、思南、石阡、印江、德江、沿河、务川、正安、道真、湄潭、凤冈、余庆、慈利、桑植、隆回、邵阳、新晃、靖州、芷江等优质烤烟基地。

高山蔬菜基地。黔江、武隆、石柱、丰都、彭水、秀山、恩施、鹤峰、利川、宣恩、建始、巴东、咸丰、长阳、五峰、龙山、凤凰、保靖、城步、隆回、绥宁、通道、永定、桑植、辰溪、溆浦、洞口、务川、正安、道真、湄潭、凤冈、余庆、铜仁、江口、印江、思南等高山蔬菜基地。

魔芋基地。印江、松桃、巴东、鹤峰、恩施、咸丰、建始、筇、五峰、古丈、隆回、麻阳、桑植、彭水、石柱等魔芋基地。

柑橘基地。乌江、清江、沅水、澧水、资水流域柑橘产业带。

中药材基地。铜仁、江口、玉屏、石阡、思南、印江、德江、沿河、松桃、万山、务川、正安、道真、湄潭、凤冈、余庆、石柱、秀山、酉阳、彭水、武隆、利川、恩施、建始、鹤峰、咸丰、巴东、宣恩、长阳、五峰、隆回、桑植、慈利、龙山、黔江、印江、江口、松桃、石阡、沅陵、通道、靖州、溆浦、中方、会同、辰溪、新邵、安化、永定区、古丈等特色中药材基地。

干果基地。黔江、彭水、武隆、丰都、酉阳、秀山、恩施、利川、建始、巴东、宣恩、咸丰、来凤、秭归、五峰、长阳、正安、靖州、会同、保靖、凤岗、湄潭、沅陵、通道、石门、铜仁、江口、玉屏、石阡、思南、印江、德江、沿河、松桃、万山、务川、正安、道真、湄潭、凤冈、余庆等核桃、板栗基地。

肉类基地。石柱、酉阳、秀山、武隆、彭水、黔江、恩施、来凤、利川、咸丰、建始、巴东、鹤峰、秭归、永顺、龙山、慈利、洪江、辰溪、芷江、溆浦、新晃、邵阳、余庆、新化、通道、洞口、永定、桑植、铜仁、江口、玉屏、石阡、思南、印江、德江、沿河、松桃、万山、务川、正安、道真、湄潭、凤冈、宣恩、长阳、五峰、新宁、城步、安化、石门、涟源、吉首、泸溪、凤凰、古丈、花垣、保靖、沅陵、靖州、会同、麻阳、鹤城、中方、丰都等绿色环保生态型牛羊、生猪、禽畜等基地。丰都节粮型肉牛养殖基地。

优质楠竹基地。江口、思南、印江、德江、沿河、松桃、万山、正安、道真、湄潭、凤冈、余庆等楠竹基地。

专栏 6-4

《武陵山片区区域发展与扶贫攻坚规划
(2011—2020 年)》中的民族文化发展重点

特色民族文化品牌保护工程。加强对凤凰古城、洪江古商城、通道侗族古建筑群、会同高椅古村、新化梅山武术、龙山里耶秦简、玉屏萧笛、傩戏、土家摆手舞、利川龙船调、肉连响、建始黄四姐、长阳山歌、南曲、巴山舞、秭归花鼓、石柱西沱古镇云梯街、黔江南溪号子、秀山及思南花灯、松桃滚龙、慈利板板龙灯、恩施撒尔嗬、苗族"四月八"、"上刀山"和"土家啰儿调"、张家界阳戏、桑植民歌等物质和非物质文化遗产资源保护和传承。

民族文化精品工程。积极扶持黔江武陵山民族文化节、梵净山旅游文化节、酉阳摆手舞文化节、丰都鬼城庙会、芷江和平文化节、通道芦笙节、沅陵全国龙舟赛、恩施女儿会、严峻土家摆手节、巴东纤夫节、秭归屈原端午文化旅游节、长阳廪君文化旅游节和张家界国际乡村音乐节和天门狐仙——"新刘海砍樵"、恩施"夷水丽川"、"印象武隆"等大型山水实景及精品演出。

民族文化设施建设。推进特色民族村寨保护与开发，改造建设中心城市及具有民族特色的重点城镇民族文化艺术馆，支持建设民族文化影视中心。

民族文化和自然遗产保护。重点支持武陵源、崀山等国家重大文化和自然遗产地、全国重点文物保护单位、中国历史文化名城名镇名村保护设施建设，推进非物质文化遗产保护利用设施建设。

民族工艺品发展。重点支持蜡染、制银、织锦、刺绣、根雕、石雕、民间剪纸、西兰卡普、油纸伞、傩戏面目、柚子龟、阳戏面具等民族工艺品的发展。

资料来源：《武陵山片区区域发展与扶贫攻坚规划（2011—2020年)》，国务院扶贫开发领导小组办公室，国家发展和改革委员会，2011.10。

(3)以贫困人口灾害抵御能力建设为核心。贫困人口是连片特困地区灾害风险管理的主体之一，其灾害风险抵御能力强弱是扶贫攻坚中灾害风险管理成功与否的关键。然而，连片特困地区贫困人口文化素质普遍偏低，接受新知识、新技术能力较差，防灾减灾意识淡薄，灾害抵御能力弱，脆弱性高。此时，增强贫困人口的自我脱贫和自我发展能力便意义深远。其作为贫困人口灾害抵御能力的基础，主要做法包括：一方面要满足贫困人口对教育、医疗等基本公共服务的需求；另一方面要加强对贫困人口的人力资本投资，完善劳动力培训和转移的社会服务体系，扩大贫困人口的就业机会(详见专栏6-5)。通过提高贫困人口的文化素质和生产发展能力，从根本上提高贫困人口防灾减灾知识、手段的接受和运用能力，提高贫困人口的灾害风险抵御能力。

专栏 6-5

雨露计划

贫困家庭新成长劳动力职业教育培训助学。引导和鼓励贫困家庭新成长劳动力继续接受高、中等职业教育或一年以上的技能培训。

贫困家庭青壮年劳动力转移就业培训。组织贫困家庭青壮年劳动力参加以取得初、中级职业资格证书为方向的就业技能培训。

贫困家庭劳动力扶贫产业发展技能提升。培训贫困农民各类实用技能，扶持他们参与当地特色产业发展的能力。

贫困村产业发展带头人培训。以提高科技素质、职业技能和经营能力为核心，培养贫困村产业带头人引领当地特色产业发展能力和带领当地贫困人口发展生产、参与市场竞争、共同致富增收能力。

资料来源：《乌蒙山片区区域发展与扶贫攻坚规划(2011—2020年)》，国务院扶贫开发领导小组办公室，国家发展和改革委员会，2012。

（4）以生态环境保护和改善为重点。生态环境脆弱是连片特困地区减贫的重要障碍，也是连片特困地区灾害频发的主要诱因。连片特困地区地处山地、沙漠、高原高寒、峡谷大山地区，生产环境恶劣，经济产业以农业等"生存型"产业为主，对自然生态环境依赖严重，这便产生"环境脆弱—贫困—掠夺资源—环境退化—进一步贫困"的"贫困陷阱"的主要贫困形态。此时，保护和改善生态环境，可持续开发利用资源，成为连片特困地区打破贫困与环境恶化的恶性循环怪圈的基础。同时，连

片特困地区既是生态脆弱区，也是灾害多发区，脆弱的生态环境加之人为破坏大大增加了灾害发生的频率及损失。以四川为例，由于森林过度破坏、植被减少，四川省泥石流发生县由 20 世纪 50 年代的 76 个县扩大到现在的 135 个县①，生态防灾减灾势在必行。总之，保护和改善生态环境，是巩固减贫效果和实现连片特困地区可持续发展的重要保障，是降低连片特困地区自然灾害风险的根本，是连片特困地区加强灾害风险管理和扶贫攻坚的重点。

(5)以资源整合协同管理为保障。由于连片特困地区一般都由两个及以上的县构成，很多连片特困区域都是跨省区域。不同行政区域、不同部门之间的协调，成为连片特困地区开展扶贫及灾害风险管理工作的重要保障。连片特困地区扶贫攻坚中的灾害风险管理，应强调以纵向协调为主、横向协调为辅的综合灾害风险管理模式。在该地区进行灾害风险管理就必须在降低贫困人口灾害风险的基础上，充分发挥中央政府与地方各级政府的纵向协调作用，同时强调各级政府设置与减灾相关机构能动作用的横向协调功能。在纵向协调中，要尊重自然灾害发生的区域特征及其影响链，特别要注重发挥基层社区组织在灾害风险管理中的作用；在横向协调中，要加强扶贫部门与其他灾害相关职能部门的能动协作，在组织机构、人员物质、技术体系等方面都实现"大防灾"格局；同时，要加强横向协调和纵向协调之后再协调。实现再协调必须以各类标准、规范、指标体系为基础，实现灾害风险管理信息在贫困片区内的信息共享，最大限度地发挥这些信息资源装备和设备的使用效率。

2. 基本原则

(1)扶贫战略目标与灾害风险管理目标相结合。中央对今后十年连片特困地区扶贫提出的目标任务是："加大在教育、卫生、文化、就业、社会保障等民生方面的支持力度，培育壮大特色优势产业，加快区域性重要基础设施建设步伐，加强生态建设和环境保护，着力解决制约发展的瓶颈问题，促进基本公共服务均等化，从根本上改变这些地区的落后面貌。"这一目标任务是与连片特困地区灾害风险管理目标相契合的，因为自然灾害是影响和制约片区脱贫的主要障碍因素，灾害风险管理的目标，就是要通过防灾减灾，提高片区及贫困人口灾害抵御能力，实现脱贫与可持续发展。扶贫开发与灾害风险管理二者之间是紧密联系的，必

---

① 王国敏. 农业自然灾害的风险管理与防范体系建设[J]. 社会科学研究，2007(4).

须把二者有机结合起来，探寻扶贫开发与灾害风险管理结合的机制、模式、方法和措施。如在发展优势产业方面要加强避灾产业的发展，在区域重要基础设施建设方面加强农田水利设施、防洪设施、防汛抗旱设施、紧急避难场所等防灾减灾基础设施的建设；在生态建设和环境保护方面，注重与防灾减灾能力建设结合，如加强植被建设、保护草原等，以防止山地灾害发生，对于矿山开发可能带来的自然灾害和生态破坏制定防治对策。

（2）扶贫规划与灾害风险管理能力评估相结合。连片特困地区扶贫规划的主要内容包括基本情况、空间布局、基础设施建设、产业发展、基本生产生活条件、社会事业发展、生态建设和环境保护、人力资源开发、政策支持等。在制定扶贫规划的过程中，要充分考虑本区域自然灾害的特征及发生的一般规律。如扶贫规划的空间布局部分，要结合自然灾害分布区域确定功能分区、产业布局、交通网络布局等；基础设施建设部分，要在对本区域基础设施防灾减灾能力评估的基础上制定其长远目标和短期目标；生态环境和环境保护的发展目标和发展步骤，也要在对本区域灾害抵御能力评估的基础上作出规划。逐步建立完善区域内自然灾害风险评价指标体系和技术体系，建立本区域内自然灾害风险和减灾能力评估数据库。最后，在扶贫规划的政策支持和保障措施方面，注重建立对扶贫开发可能造成自然环境破坏的预防与监督控制机制。

（3）扶贫资源与灾害风险管理资源相结合。一是资金整合。包括整合扶贫资金、防灾减灾资金及其他贫困地区社会经济发展资金。可以把整村推进和新农村建设有机结合，与产业结构调整有机结合，与现代农业建设有机结合；整合县、乡、村三级资源；整合政府资源、民间社会组织及企业资源等；整合专项扶贫、行业扶贫、社会扶贫。二是信息共享。构建扶贫信息和自然灾害信息的综合信息共享系统。一方面完善贫困人口信息库，如贫困人口的居住地、主营产业等动态信息；另一方面建立健全连片特困地区自然灾害信息标准化采集、传输、处理和存储的系统。通过信息共享系统，及时分析本区域的自然灾害对于具体区域及贫困人口的风险，对于风险较高的区域或人口，及时制定降低风险的措施和途径。三是共建平台。连片特困地区虽已划定，但一个片区横跨几个省，如何建立有效的协调机制成为最突出的问题。无论是开展扶贫工作，还是进行区域内的灾害风险管理，都需要一个很好的协调平台和机制，加强扶贫攻坚和灾害风险管理工作的结合，则更需要一个有效的协

167

调平台来整合资源、理顺权责。

(4)以工代赈与防灾减灾基础设施建设相结合。连片特困地区普遍面临的共性问题是生产条件差，特别是农业基础设施配套不完善。此时，用以工代赈方式完善基础设施建设意义重大。以工代赈即将政府的赈灾扶贫工作运用到贫困地区，是以加强农村贫困地区基础设施建设为主要内容，建设的重点是修建农村公路、桥梁、人畜饮水工程、农田水利基本建设等，同时帮助灾区修复水毁工程等。其目的是一方面保障基础设施的完善，另一方面为贫困人口提供短期就业和收入。在连片特困地区扶贫攻坚中，要善于通过以工代赈方式，在扶贫开发的同时，加强贫困地区防灾减灾基础设施建设。通过以工代赈项目与其他项目的整合和资金的相互配套使用，针对弱势区域加强基础建设、应对突发灾害，针对弱势群体，提供工作机会、培训劳动技能、增加直接收入的系统性长效机制。最终在改变贫困人口贫困状况的同时，改善生态环境，增加贫困人口收入，促进贫困地区脱贫致富的实现。

(5)最低生活保障制度与灾害救助制度相结合。现阶段，我国农村社会救助制度主要包括以下7个方面的内容：最低生活保障制度、灾害救助、教育救助、医疗救助、住房救助、社会互助和农村扶贫开发。其中，我国农村最低生活保障制度在保障农村贫困群众基本生活、维护农村社会稳定等方面发挥了极其重要的作用，但仍然存在低保标准低、低保资金来源不足等问题，难以满足贫困人口基本的生产生活需要；自然灾害赈济是我国目前应急救助体系的主要内容，但以灾荒赈济为主要内容的应急救助体制，难以适应灾害类型复杂化、灾民需求多样化、应急管理法治化的新现实(闫亮，2009)。连片特困地区的扶贫攻坚，需要加强最低生活保障制度与灾害救助制度二者的结合和完善。一是整合资源，加大对贫困群体的扶助力度，将有限的灾害救助资源适当向贫困人口倾斜。二是整合项目，将灾害救助项目与扶贫项目适度对接，如将避灾产业与扶贫项目相结合。三是协调标准，扩大救助范围。加快推进与本区域经济社会发展水平和受灾群众实际生活需求相适应的救灾资金长效保障机制，完善有关灾害救助政策，充实灾害救助项目，适情提高灾害救助标准，提升灾害救助质量和生活保障水平。

3. 基本路径

(1)建立以贫困人口动态监测为基础的自然灾害风险预警体系。连片特困地区灾害发生和贫困之间较强的相关性，连片特困地区灾害风险会演变为贫困风险，可以将该地区的灾害风险管理中自然灾害的预警预测与贫困人口的监测预测相结合。以连片特困片区为单位，对贫困地区及贫困人口状况进行动态监测。首先以贫困户建档立卡工作为基础，摸清贫困户的分布，致贫原因、贫困类型、贫困程度等，完善片区贫困人口监测内容，进一步了解和掌握每一个片区(大到国家划分的十四个片区，省一级的贫困片区，小到县乡村一级的贫困片区)贫困人口的基本情况，全面摸清片区内贫困程度及致贫原因等内容，以便绘制扶贫攻坚中开展灾害风险管理工作在区域、群体等方面的路线图，掌握重点区域和重点对象，有针对性地开展贫困地区及贫困人口的灾害风险管理工作。在对连片特困地区贫困人口动态监测的基础上，结合自然灾害预警预报体系，构建贫困人口的自然灾害预警体系和应对预案。通过适当的模型和数据库(包括贫困人口、自然灾害等的历史和动态数据)，预测自然灾害对贫困人口和贫困地区的影响、贫困人口在结构及区域分布上有可能发生的变化、贫困程度有可能发生的变化等，及时制定预案，预案不仅包括灾害发生时如何对贫困群体开展有针对性的救援和帮助，同时，要立足于减贫视角，制定中期或长期贫困人口防灾减灾预案。

在预案体系的建设中，重点在于连片特困地区贫困人口和自然灾害数据库的建设和共享，难点在于自然灾害的发生往往难以预测，自然灾害对贫困人口及地区的影响也难以准确预测，这对明确开展哪些工作有助于降低自然灾害对贫困地区及人口的影响带来难度，预案的实施有可能适应性不高。

(2)构建连片特困地区一级的应急物资储备调拨体系。连片特困地区在灾害和贫困发生具有区域性，在灾害风险管理中注重区域间的资源协调，有助于提高其灾害风险管理成效。健全的物资储备网络及其快捷的物流系统是减少自然灾害损失尤其是避免次生灾害的关键因素。2010年9月1日起施行的《自然灾害救助条例》规定，国家建立自然灾害救助物资储备制度，由国务院民政部门分别会同财政部门、发展改革部门制定全国自然灾害救助物资储备规划和储备库规划，并组织实施。《条例》规定，设区的市级以上人民政府和自然灾害多发、易发地区的县级人民政府应当根据自然灾害特点、居民人口数量和分布等情况，按照布局合理、规模适度的原则，设立自然灾害救助物资储备库。同时还规定，县级以上地方人民政府应当根据当地居民人口数量和分布等情况，利用公园、广场、体育场馆等公共设施，统筹规划设立应急避难场所，并设置明显标志。由于中央财政主要用于储备中央级的救灾物资，地方级救灾仓库建设基本由地方自筹，导致连片特困地区内一些省、市、县的救灾物资储备库存在建设标准低、仓储面积小、配套设施差、服务功能少等问题。连片特困地区自然灾害应急物资储备体系的构建，一方面，要完善连片特困地区内的物资储备网络。综合考虑灾害发生特点、区域人口分布、交通状况、地区经济密度等因素，加大对连片特困地区物资储备的财政投入，完善物资储备数据库系统，逐步形成覆盖合理、辐射有效、物流发达的物资储备库网络。在布局上，重点向灾害多发区、重灾易发区倾斜。在结构上，以统筹规划、节约投资和资源整合为原则，通过新建、扩建等方式，大幅度提升省级救灾物资储备能力，发挥其区域辐射规模效应。在管理机制上，要注重完善救灾应急物资更新、轮换及损耗财政补偿机制和应急物资储备信息共享机制；拓宽自然灾害风险物资调配运输绿色通道，促进紧急交通运输征调综合协调机制的建立，确保紧急救助物资及时运抵灾害现场。在经费投入上，各级财政应加大对物资储备库的投入力度，将救灾储备物资采购资金纳入财政预算。另一方面，由于连片特困地区多数在地域上横跨几个行政地区，至少横跨两个县，多到横跨几个省，连片特困地区的灾害物资储备体系在加强建设的同时，更要注重区域内的协调和调拨体系的构建。在灾害发生时，不仅是县域内省域内的物资储备体系可以实现调拨，不同行政区域内的，如不同省的，不同县的，也可以实现调拨，使连片特困地区内应急救援物资储备网络不仅在分布点上扩大，而且在区域间联动应对能力加强，储备网络弹性增强。扶贫部门在安排灾害应急响应行动财政扶贫经费的同时，灾害发生时还可以积极协调政府相关部门调剂、调拨有关救灾物资，组织指导有救灾职能的相关社团开展社会募捐活动。

(3)建立以发展贫困地区产业为基础的灾后重建恢复体系。一旦发生灾害，连片特困地区的贫困人口极易返贫或因灾致贫，灾后重建将是贫困人口脱贫的重要机遇。连片贫困地区多处边远山区，人口集中度较低，产业多以农业为主，弱质性强，一旦遭遇自然灾害，其产业往往受影响严重，进而导致贫困发生。帮助贫困地区发展产业，是其灾后迅速恢复的有效途径，是贫困人口脱贫的重要方式。在具体操作中，要注意以下三个方面：一是尊重自然规律。产业重建或恢复规划要尊重山区农民生产、生活、生态地理环境的同一性，尊重农业生产循环利用资源的模式。二是尊重受灾群众意愿和民族文化传统。受灾群众是灾后重建的主体，尊重群众的首创精神，充分尊重受灾群众意愿，有助于调动各方的积极性、创造性，保证灾后重建和安置工作顺利进行。连片特困地区是我国主要的少数民族聚居区，民族文化丰富多彩，灾后重建在恢复重建经济的同时，必须注重保护和传承民族传统文化。玉树地震后的灾后重建中，国务院印发的《玉树地震灾后重建总体规划》，将文化遗产保护和宗教设施列入"和谐家园"建设中，包括宗教活动场所、宗教教职人员生活用房、寺院配套设施以及佛教学校等均被纳入重建规划中。三是注重将短期重建成效与长期可持续发展结合起来。四川汶川地震灾后重建就实现了产业的重建和升级优化。如通过产业的快速恢复和发展振兴，2010 年，汶川全县生产总值同比增长 34.3％；地方财政一般预算收入同比增长 86.2％；工业增加值同比增长 58％；农业总产值同比增长 16.1％、农民收入同比增长 14.4％；旅游收入同比增长 204％，汶川通过灾后重建实现了跨越发展。

(4)建立以提高贫困人口灾害应对能力为核心的科技支持体系。提高贫困人口的灾害应对能力是连片特困地区扶贫攻坚中加强灾害风险管理的根本。一是加强防灾减灾教育。加强面向贫困地区的防灾减灾科普知识宣传，加强群众性减灾演练，完善社会避灾场所，提高群众防灾减灾意识和社会参与程度。具体途径包括充分利用广播、电视、报纸、政府网站等媒体宣传防灾减灾政策法规和科技知识；采取专家宣讲的形式加强防灾减灾教育，重点普及各类灾害基本知识和防灾避险、自救互救基本技能；利用农村文化中心户带领农民学习和掌握防灾减灾知识；利用农村中小学校，从小学抓起，开展多种形式加强防灾减灾教育。二是协调相关部门开展防灾、减灾、抗灾方面的技术指导工作。加强高科技防灾减灾设备在贫困地区的应用和推广，协调农业部门、减灾部门、疾病疫情预防控制部门、生态保护机构等对贫困地区人口进行相关技术指导，加强农村畜禽动物疫病、干旱、低温冰冻、高温、洪涝等灾害防控关键技术的研究与示范推广。三是加强生产发展中防灾减灾的技术支持。发展易推广防灾减灾技术是关键，要依据灾害影响的区域、发生的季节、持续的时间、受灾地区种植的品种、作物的生育期等因素，因地制宜发展操作较简便、贫困人口易防灾减灾技术。结合连片特困地区的灾害区域特征，根据灾害发生情况适当调整作物结构。此外，对于连片特困地区，在提供技术指导服务的同时，还要加强对贫困人口在技术运用中的思想动员、技术培训、资金保障等技术支持配套服务，如及时提供改种补种的种子、化肥等物资及资金的供应保障，最大限度减轻灾害影响和损失。

171

(5)建立以农业自然灾害保险制度为核心的财政与金融保障体系。农业是连片特困地区主要的支柱产业，而农业的脆弱性使其不能有效抵御自然灾害，往往遭受自然灾害打击较重，损失惨重，给贫困人口增收带来阻力。因此在连片特困地区建立自然灾害风险保障机制，尤其是建立政策性农业风险保障机制，农业风险的分担与转移，对降低贫困人口的自然灾害风险意义重大。农业保险制度是市场经济国家为了降低和分散农业自然风险而建立的一种特殊经济补偿制度。具体做法：一方面农业救灾应从单一的依靠政府财政救助的"一线式"模式，向"网状式"保障模式转变；另一方面应建立以政府补贴为主的政策性农业保险制度或者建立政府和社会共同联办的农作物保险集团。其中，对于政策性保险机制，其面临的核心问题是资金筹集问题，可以通过中央政府、地方政府分别出资和建立农业政策性保险基金相结合的方式予以解决。与此同时，逐步建立多种形式的农业保险经营模式，如国家监管企业经营的模式，国家、企业、农民三方联营的互助式农业保险组织模式，以及专门的农业保险公司经营模式等。

同时，在连片特困地区，不断推进扶贫贴息贷款投放力度，完善扶贫贴息贷款良性循环发展机制，通过与金融机构的协调和合作，综合运用再贷款、优惠利率和信贷政策指引等多种手段，引导和支持金融机构加大对少数民族地区、边疆、革命老区和灾害高发区的基础设施建设、特色产业发展和生态环境保护等领域的信贷支持力度，支持农村剩余劳动力创业和贫困户脱贫致富。逐步完善大灾后重建金融支持的相关金融制度，使灾后重建金融支持制度化、常态化，如金融机构支持汶川、玉树、舟曲等地区灾后因灾致贫人口就业和住房重建就是很好的实践。

(6)完善贫困地区灾害风险管理的法律支持体系。实施灾害风险管理是政府行政的重要体现。建立健全强有力的灾害应急救助法律制度，理顺和规范各级政府及组织、社会团体及个人的责任与义务，明确灾害救助的主体、内容、保障体系、责任追究等，使国家的救灾行为走向法制化轨道。尤其对于连片特困地区处于跨行政区域中，扶贫攻坚中灾害风险管理涉及多部门、多行政区划，如何协调部门之间、省与省之间、县与县之间在灾害风险管理中的职权与责任，使其上升为法律的硬约束力，更具有现实意义。首先要在总结长期实践经验的基础上，尽快研究出台综合性的救灾基本法，以此来协调和规范单一自然灾害管理法规体系之间的关系，其次，还要研究出台自然灾害应急管理法，以此来补充现有的单一法律体系的不足，明确防灾减灾参与主体的责任和义务及利益补偿等当前亟待解决的突出问题。进一步完善与国家法律配套、符合地方实际的地方性防灾减灾法规体系，加快推广防灾减灾技术规范和国家标准，组织制订地方性技术标准，依法强化防灾减灾管理。建立健全防灾减灾工作行政执法责任制，加强执法监督和检查，使防灾减灾工作进一步规范化、制度化和法治化。加强连片贫困地区自然灾害风险管理法律制度建设，通过法律规范风险管理过程中各级政府及个人行为，提高贫困地区自然灾害风险管理效率，降低自然灾害对贫困人口和地区的影响，最终实现贫困地区的可持续发展，提高贫困人口的自身发展能力，从根本上减贫脱贫。

（三）连片特困地区灾害风险管理的典型案例

1. 全方位资源整合模式——武陵山区来凤经验

从灾害的发生各环节出发，对各环节的关键点进行控制，不仅可以有效地减少灾害发生的频率，而且还可以更好地减少和降低灾害带来的人员、经济损失，达到控制自然灾害风险的效果，实现从消极的应对自然灾害向积极的自然灾害管理的转变。

武陵山区地处长江中上游地区，主要指武陵山脉为中心的湖北、湖南、贵州、重庆三省一市的边境交汇区，是我国内陆跨省交界地区面积最大、人口最多的少数民族聚居区，亦是国家西部大开发和中部崛起战略交汇地带。由于地处偏僻，交通闭塞，行政条块分割，受地理环境和客观条件的制约，武陵山少数民族地区长期处于贫困落后状况，经济社会发展滞后，其中部分地区还处于赤贫状态，是我国当前重点扶持的14个集中连片贫困地区和扶贫攻坚的重要地区之一。

来凤县地处鄂西南边陲，武陵山区腹地，是全国第一个土家族自治县，也是革命老区和国家扶贫开发工作重点县。到 2010 年底该县还有10 万余贫困人口（按 1196 元新标准统计），占总人口的 31.75％，占农业人口的 37.74％。到目前为止全县少数民族贫困村仍然有 24.4％的人口存在饮水困难，处于无房或危房状态的农户有 2187 户，占少数民族贫困村农户总数的 5.6％①。

---

① 覃玉国. 找准贫困成因　探索集中连片特殊困难地区财政扶贫政策——来凤县集中连片特殊困难地区财政扶贫政策调研［EB/OL］. http://www.hbyxfp.gov.cn/index.php? m＝content&c＝index&a＝show&catid＝10&id＝45/2011-07-06.

来凤县大部分地区属高寒边远山区，部分地区水资源严重匮乏，土壤贫瘠，自然灾害频繁。灾害主要包括干旱、洪涝、冷冻等气候灾害，滑坡、崩塌、泥石流等地质灾害。全县60％的耕地属坡耕地，水土流失严重，水土流失面积占国土面积的43.46％。来凤县共8个乡镇，其中地质灾害高等易发区有3个，中等易发区有3个，自地质灾害有记录以来，全县共出现各种地质灾害153处，其中滑坡59处、崩塌16处、地裂缝8处，其他地质灾害71处，因地质灾害造成的直接损失近718万元[①]。

来凤县积极探索扶贫攻坚中灾害风险管理路径，紧紧围绕产业增收、基地设施建设和搬迁扶贫三大发展方向，集财力、物力、人力等开展扶贫攻坚，成效显著。"十一五"期间，来凤县贫困人口减少3.84万，农村贫困人口发生率由45.6％下降到18.9％，农民人均纯收入增长到3100元，年均增长13.2％。五年间共解决了9.73万人农村饮水安全问题；新建农村沼气池3万口，搬迁扶贫1750户，共6650人，新修公路963.5千米；累计建成特色产业基地44万亩，生猪养殖小区12个；基本实现了村村通电话、通电、通邮、通广播电视；2010年小学适龄儿童入学率达到100％；有乡(镇)卫生院8所，村级卫生室163个，占全县行政村的88％；转移农村剩余劳力4万多人，每年打工收入突破2亿元[②]。

来凤县之所以取得以上显著成效，其全方位的资源整合经验值得借鉴。

(1)目标整合——生态扶贫与生态减灾结合。恶劣的生态环境是来凤县扶贫的重要瓶颈，也是其灾害频发的直接原因。来凤县通过加强生态保护和建设，实现了扶贫和减灾的双赢。来凤县与武汉凯迪公司合作发展生物质能源产业。在依法、自愿、有偿的前提下，流转土地建设油桐、刺槐等生物质能源原料基地。公司与农户签订的土地流转合同明确规定：区分优质坡耕地和荒山荒地确定流转费、武汉凯迪公司提供种苗和造林费、桐林套种作物收入归农户所有、桐子按保护价收购。对于流转土地5亩以上的农户，武汉凯迪公司为其家庭代缴一个人的合作医疗

---

① 恩施气象服务. 来凤县地质灾害简述［EB/OL］. http://esqxfw. vicp. net/dzzh/ShowArticle. asp? ArticleID＝29/2005-07-02.

② 陈冬梅. 以社区为本的灾害风险管理研究［D］. 兰州：兰州大学环境科学学院，2008.

基金。综合计算，农户每年从每亩流转地里可获得的收入在 2000 元以上，依靠油桐林种植，很多贫困户实现了脱贫。又如该县大河镇冷水溪的村民依托忠信竹业公司，以栽种楠竹脱贫。通过发展生态产业，在保护和改善生态环境的前提下，将增加贫困人口收入和降低灾害风险二者相结合。

（2）资金整合——扶贫资金与减灾资金统筹。来凤县通过"1321"模式（即 1 名县领导带领 3 个县直部门，用 2 年时间至少整合 100 万元资金），按照"渠道不变，统筹协调，统一安排，捆绑使用"，农业、林业、交通、国土、烟叶、扶贫开发、农业综合开发等部门，"各出一盘菜，共办一桌席"。几年来，通过整合民政救助、扶贫搬迁、新农村建设等专项资金，全县整合扶贫资金累计建沼气池 41000 口，维修、新修公路 250 千米，硬化公路 150 千米，建设桥梁 4 座，搬迁贫困户 480 户，42 个贫困村完成整村推进扶贫，对 600 多户因雨雪冰冻受灾群众危房进行改造。

（3）项目整合——移民搬迁与灾害整治兼顾。该县整合开发、民政、移民等部门的力量，按照"部门协力、政府引导、群众自愿"的原则，鼓励"边远、高山、深沟、库区"等灾害多发地区群众向公路沿线、中心村或城镇搬迁，挪"窝"致富。2001 年至 2010 年，扶贫搬迁共投入资金 4460.5 万元，其中搬迁对象自筹资金 2650 万元，占 59.4%；财政扶贫资金 878.5 万元，占 19.7%；部门资金 932 万元占 20.9%。十年间，全县共完成扶贫搬迁 2888 户 10987 人。捆绑发改、民宗等部门资金，整合搬迁扶贫、新农村建设与整村推进扶贫工作，兼顾扶贫搬迁与产业化扶贫（在集中搬迁的重点村扶持建设规模化、产业化的养殖基地，促进搬迁农户发展产业脱贫），积极把扶贫搬迁与退耕还林政策相结合。同时还积极投入资金及协调其他部门资金，用于改善集中搬迁户的配套交通、水利等防灾减灾基础设施。

（4）技术整合——增收农技与减灾农技协同。来凤县土地贫瘠，农业生产条件差，农业抗灾能力弱。如因为山高缺水的马宗岭村，农民种植水稻、玉米等传统农作物基本只能"望天收"。为了提高当地传统农业的抗风险能力，增加贫困人口收入，县农技服务中心通过"入股种梨，梨椒套种"模式，大大增加了贫困人口收入。同时，开展科技培训，普及标准化种养知识和"畜＋沼＋园"的生态家园建设，将增加贫困人口收入的农业技术与防灾减灾农业技术协同推广。

2. 贫困村社区灾害风险管理模式——六盘山区香泉经验①

灾害的风险管理，政府固然责无旁贷，但是只有社区居民认知了风险并积极参与防灾减灾，采取有效的管理措施，才能从根本上将人员和财产损失降到最低。在灾害风险管理的过程中，社区分担和关注着共同的风险问题，也共同受灾害的影响。作为社会的基本单元，社区在灾害风险管理中发挥着不可取代的作用。因此，在社区层面进行灾害的风险管理，提高社区在灾害面前的脆弱性就非常重要。

以社区为本的灾害风险管理是为了降低易损性和提升能力，受灾社区积极参与灾害风险的鉴别、分析、处置、监测和评估。这种模式强调自上而下与自下而上机制的结合、注重社区群众的广泛参与、关注弱势群体、改变重救轻防的传统灾害管理模式，建立减灾和备灾机制。其工作程序包括社区灾害风险评估、社区级预案的制定、社区内灾害文化营造、社区内防灾减灾基础设施建设、社区备灾工作建立等。

香泉镇位于甘肃省定西市安定区西南部，是一个回族与汉族杂居的社区，距安定区 25 千米，总流域面积 144.4 平方千米，海拔 2053—2556 米，年平均气温 6.9℃，年降水量 400ml 左右，地下水资源较为丰富，是安定区的主要水源地。香泉镇 20 世纪六七十年代以丰沛甘美的地下水源著称。但是，八十年代包产到户后，用于灌溉土地的农业用水和日益增加的城市用水导致地下水过量开采，昔日香泉已不复存在。现在的香泉镇，几乎十年九旱，乡亲们吃水主要靠 7 月到 9 月降水集中的季节里用水窖积水。要打 100 多米深，运气好的时候才能见到水，打这样一口深水井的费用是 10 万元左右，对贫困的香泉农民来说难以承受。

中庄村地理位置偏僻，村社道路不通，生态环境恶化，暴洪、泥石流、冰雹、霜冻等自然灾害频繁发生，农业生产基础设施薄弱，属典型的靠天吃饭的雨养农业区，当地村民对自然灾害的承受能力非常脆弱，2007 年人均年纯收入仅 683 元。由于该村在全区的贫困村中具有典型性，经乐施会项目负责人初步考察，并与当地政府协商，决定在该村实施以社区为本的灾害风险管理项目，期望通过该项目的实施，增强该村防灾减灾能力，促进该村经济社会协调发展，生态环境得到改善，同时探索在甘肃中部多山地区以社区为本的灾害风险管理的可行之策，促进政府在甘肃中部干旱地区防灾减灾策略的改变。

---

① 陈冬梅. 以社区为本的灾害风险管理研究［D］. 兰州：兰州大学环境科学学院，2008.

通过在安定区香泉镇中庄村实施社区灾害风险管理项目，全村1141人受益，帮助村民在荒坡种植沙棘，建造了100个太阳灶和50个沼气池，修通了村里主干道。实现了通过修建防洪堤和道路改善社区抗洪基础设施；荒山造林，防止水土流失，改善社区生态环境；修建沼气池、太阳灶、暖棚养殖等方式改善群众生计；建立社区灾害小组，制定紧急救援预案、加强能力建设等方式，初步建立了以社区为本的灾害风险管理体系，为实现项目村的可持续发展奠定了坚实的基础。

该模式在香泉取得成功的主要经验在于：

一是加强社区防灾减灾能力建设和提高群众防灾意识。通过投入小基建项目，改善社区的减灾防灾条件，但更重要的是通过小基建项目，来实现社区群众的自我组织能力的提高和培养社区的减灾防灾的能力和意识。

二是创造贫困人口参与社区灾害风险管理的机制。以妇女为例，将妇女组织起来参与项目的设计和管理，鼓励她们参与决策过程，增强了妇女参与社区公共事务的能力和信心，扩展了她们的活动空间，改变社区对妇女传统的认识和看法，增强妇女在社区及家庭中的地位，促进性别的相对平等。通过修路、荒山造林等生计项目的介入，改善社区和家庭的经济条件，提高女孩受教育机会，促进教育权利的性别平等。

三是通过生计发展项目提高其抗击灾害风险的能力。灾害与贫困总是互为因果，相互制约。在贫困地区，由于各种因素(如生态环境的自身脆弱性、人口素质的相对较低、基础设施的不健全以及经济条件的限制)的制约，居民对灾害的抵御能力较低，不仅使灾害极易发生，而且灾后恢复通常也需要更长的时间。在香泉中庄村，通过修建沼气池、发展太阳灶和暖棚养殖等，改善了群众生计，拓宽了村民的生计途径，通过生活水平的提高增强了应对灾害风险的能力。遏制"因灾致贫"、"因灾返贫"现象的反复发生是本模式成功经验之一。

四是尊重贫困人口的传统文化与乡土知识，并将这些知识与专家知识结合，能够创造性地推动可持续发展措施在资源管理中的应用。中庄村通过社区成员和各利益群体的普遍参与，共同分析社区在应对各种潜在灾害发生危险时有哪些能力，有哪些脆弱环节，共同认识社区的备灾及减灾现状，从而制定了合适方案。当地群众的某些传统生产技术是当地人长期适应自然之后的结果，其本身就具有防灾减灾的作用。

后　记

　　国际经验和国内实践表明，科学有效的灾害风险管理有助于降低缓解贫困成本，提高减贫成效，而卓有成效的减贫工作同样可以达到防灾、减灾的效果。2010年7月17日在绵阳、2010年9月11—12日在成都、2010年10月22—24日在深圳、2011年2月27日在北京，中国国际扶贫中心组织了四次"灾害风险管理与减贫的理论及实践研究"专题研讨会。来自中国国际扶贫中心、联合国开发计划署等国际机构和北京大学、北京师范大学、中央民族大学、华中师范大学、四川农业大学、西南民族大学、中国扶贫杂志社等国内外机构的专家学者围绕灾害风险管理与减贫论题进行了研讨，本教材的写作思想逐步萌芽。

　　2011年7月，在中国国际扶贫中心副主任黄承伟博士的倡议下，国务院扶贫办开发指导司决定支持由四川农业大学庄天慧教授、华中师范大学陆汉文教授及黄承伟研究员组成编写团队，编写了这本全国自然灾害应对与扶贫开发结合培训的教材。在本教材的写作过程中，各章节分工如下：黄承伟负责导言、第一章和第四章，庄天慧负责第二章和第六章，陆汉文与覃志敏博士负责第三章和第五章。在讨论确定编写框架及结构的基础上，编写成员广泛搜集数据及资料，初稿完成后多次修改，最终完成了本教材的写作。

　　在书稿完成之际，由衷感谢国务院扶贫办开发指导司对于本教材编写的大力支持及资助，感谢国务院扶贫办副主任王国良、开发指导司司长海波、副司长李越对本教材编写的亲切关怀和指导。特别感谢黄承伟博士，正是在他的不懈努力下，逐步搭建起了同行专家交流分享的平台，在这个平台上，产出了不少优秀的科研成果。感谢书稿编写项目实施单位——四川农业大学，对本教材编写给予的帮助和支持！

　　扶贫开发是一项长期而重大的任务，是一项崇高而伟大的事业。中央颁发的《中国农村扶贫开发纲要（2011—2020年）》对新阶段扶贫开发工作作出了全面部署。我们衷心希望，本教材的出版对于从事扶贫开发工作的各级干部、工作人员及科研人员能有所裨益。同时，由于时间紧，本教材错讹与不恰当之处一定不少，敬请批评指正！

编者
2012 年 3 月